Definitionen Formeln Verfahren

der Mathematik und des Wirtschaftsrechnens für Wirtschaft und Verwaltung

von

Studiendirektor Fredy Ebeling, Frankfurt am Main

Oberstudiendirektor Otmar Fischer, Frankfurt am Main

Ernst Klett Stuttgart

Hinweis

D bedeutet Definition;
V bedeutet Verfahren (Rechenverfahren, mathematische Verfahren);
T bedeutet Tabelle.

Hinweise auf DIN-Normen in diesem Werk entsprechen dem Stande der Normung bei Abschluß des Manuskriptes. Maßgebend sind jeweils die neuesten Ausgaben der Normen des DIN Deutsches Institut für Normung e.V. im Normformat A4, die durch die Beuth Verlag GmbH, 1000 Berlin 30, zu beziehen sind. Sinngemäß gilt das gleiche für alle in diesem Buch genannten Richtlinien, Bestimmungen, Verordnungen usw.

Abbildungen: G. Wustmann, Kirchberg in Wald-Berneck, und Manfred Riepert, Stuttgart.

ISBN 3-12-881700-6

1. Auflage. 1 5 4 3 2 1 | 1988 87 86 85 84

Alle Drucke dieser Auflage können im Unterricht nebeneinander benutzt werden. Die letzte Zahl bezeichnet das Jahr dieses Druckes.

Satz und Druck: Zechnersche Buchdruckerei, Speyer. Printed in Germany.

Inhaltsverzeichnis

ERSTER TEIL: Grundlegende mathematische Verfahren

1 Zahlen, Größen und Einheiten

D **Zahlen** oder **Zahlenwerte** sind Zeichen, mit denen Mengen dargestellt werden können. Diese Zeichen nennt man **Ziffern** oder Zahlenzeichen. Zahlenzeichen sind im

- **Dezimalsystem** 0, 1, 2 ··· 9;
- **Dualsystem** 0 und I;
- **römischen Zahlensystem** I (1), V (5), X (10), L (50), C (100), D (500), M (1000).

Einstellige Zahlen bestehen nur aus einer Ziffer, *mehrstellige* Zahlen aus zwei und mehr Ziffern.

Zahlenarten

• **Dezimalzahlen** sind die im Dezimalsystem geschriebenen Zahlen, insbesondere, wenn diese nach einem Komma mit dezimalen Untereinheiten Zehntel, Hundertstel usw. fortgesetzt werden.	593; 17,482
• **Dezimalbrüche** sind Dezimalzahlen, bei denen links vom Komma eine Null und rechts vom Komma dezimale Untereinheiten stehen.	$0{,}539;\ 0{,}\overline{3}\ldots$
• **Natürliche Zahlen** ($\mathbb{N}$)	1, 2, 3, 4
• **Positive ganze Zahlen** ($\mathbb{Z}^+$)	+1, +2, +3, +4
• **Negative ganze Zahlen** ($\mathbb{Z}^-$)	−1, −2, −3, −4
• **Bruchzahlen**	$+\frac{1}{2},\ +\frac{3}{5},\ -\frac{3}{4},\ -\frac{12}{25}$
• **Rationale Zahlen** ($\mathbb{Q}$)	Die Menge aller ganzen Zahlen und Bruchzahlen: $+3,\ -5,\ +\frac{1}{6},\ -\frac{3}{8}$
• **Irrationale Zahlen**	$\pm\sqrt{3},\ \pm\pi,\ \pm e$
• **Reelle Zahlen** ($\mathbb{R}$)	Die Menge aller rationaler und irrationaler Zahlen

D Unter einer **Größe** versteht man die meßbare Eigenschaft einer Sache (z. B. Länge, Gewicht), unter einer **Einheit** einen bestimmten Wert dieser Größe (z. B. m, kg).

Größe = Zahlenwert · Einheit

6,43 m = 6,43 · 1 m
152 kg = 152 · 1 kg

Das Internationale Einheitensystem (SI = Système International d'Unités) geht von 7 Basisgrößen aus, deren **Einheiten** als Basiseinheiten im „Gesetz über Einheiten im Meßwesen" festgelegt wurden.

SI-Basisgrößen	SI-Basiseinheiten		Die wichtigsten abgeleiteten Größen		
	Namen	Einheitenzeichen	Abgeleitete Größen	SI-Einheiten	Einheitenzeichen
Länge (*l*)	das Meter	m	Fläche (*A*)	Quadratmeter	m^2
Masse (*m*)	das Kilogramm	kg			
Zeit (*t*)	die Sekunde	s	Volumen (*V*)	Kubikmeter	m^3
Elektr. Stromstärke (*I*)	das Ampere	A	Geschwindigkeit (*v*)	Meter durch Sekunde	m/s
Thermodyn. Temperatur (*ϑ*, *t*)	das Kelvin	K			
Stoffmenge (*u*, *v*)	das Mol	mol			
Lichtstärke (*I*)	die Candela	cd			

2 Rechnen mit Zahlen des Dezimalsystems

Dezimale Größen

D **Dezimale Größen** sind solche Größen, bei denen die höheren oder niedrigeren Einheiten *Vielfache von 10, 100 oder 1000* sind (z. B. 1 cm = 10 mm; 1 m = 100 cm, 1 kg = 1 000 g).
Mit der **Umrechnungszahl** werden dezimale Größen in höhere oder niedrigere Einheiten umgerechnet (z. B. m in cm; mm in cm).

Gebräuchliche dezimale Einheiten

Einheiten	Zeichen	Umrechnungszahl
Längeneinheiten		
1 Kilometer = 1 000 Meter	km, von lat. kilo	
1 Meter = 10 Dezimeter = 100 Zentimeter = 1 000 Millimeter	m, von lat. metrum	
1 Dezimeter = 10 Zentimeter = 100 Millimeter	dm, von lat. dezi	10
1 Zentimeter = 10 Millimeter	cm, von lat. zenti	
1 Millimeter	mm, von lat. milli	
Flächeneinheiten		
1 Quadratkilometer = 100 Hektar = 10 000 Ar = 1 000 000 Quadratmeter	km^2	
1 Hektar = 100 Ar = 10 000 Quadratmeter	ha, von lat. hekto	
1 Ar = 100 Quadratmeter	a, von lat. area	
1 Quadratmeter =		100
100 Quadratdezimeter = 10 000 Quadratzentimeter = 1 000 000 Quadratmillimeter	m^2	
1 Quadratdezimeter = 100 Quadratzentimeter = 10 000 Quadratmillimeter	dm^2	
1 Quadratzentimeter = 100 Quadratmillimeter	cm^2	
1 Quadratmillimeter	mm^2	
Raumeinheiten (Volumeneinheiten)		
1 Kubikmeter =		
1 000 Kubikdezimeter = 1 000 000 Kubikzentimeter	m^3	
1 Kubikdezimeter = 1 000 Kubikzentimeter = 1 000 000 Kubikmillimeter	dm^3	
1 Kubikzentimeter = 1 000 Kubikmillimeter	cm^3	
1 Kubikmillimeter	mm^3	1 000
1 Kubikmeter = 10 Hektoliter = 1 000 Liter		
1 Hektoliter = 100 Liter	m^3	
1 Liter = 1 Kubikdezimeter = 1 000 Kubikzentimeter	hl, von lat. hekto	
	l, von lat. litra	
Gewichtseinheiten		
1 Tonne = 1 000 Kilogramm = 1 000 000 Gramm	t, von lat. tunna	
*) 1 Kilogramm = 1 000 Gramm	kg, von lat. kilo	1 000
1 Gramm	g, von lat. gramma	

*) Die früher gebräuchlichen Doppelzentner (dz) = 100 kg, Zentner (Ztr.) = 50 kg und Pfund (℔) = 500 g sind keine gesetzlichen Einheiten.

Vorsätze für dezimale Teile und dezimale Vielfache von Einheiten

Teil bzw. Vielfaches	Vorsatz	Vorsatzzeichen
das Milliardstel (das 0,000 000 001- oder 10^{-9}fache)	Nano-	n
das Millionstel (das 0,000 001- oder 10^{-6}fache)	Mikro-	µ
das Tausendstel (das 0,001- oder 10^{-3}fache)	Milli-	m
das Hundertstel (das 0,01- oder 10^{-2}fache)	Zenti-	c
das Zehntel (das 0,1- oder 10^{-1}fache)	Dezi-	d
das Zehnfache (das 10- oder 10^{1}fache)	Deka-	da
das Hundertfache (das 100- oder 10^{2}fache)	Hekto-	h
das Tausendfache (das 1 000- oder 10^{3}fache)	Kilo-	k
das Millionenfache (das 1 000 000- oder 10^{6}fache)	Mega-	M
das Milliardenfache (das 1 000 000 000- oder 10^{9}fache)	Giga-	G

Rechnen mit Zahlen des Dezimalsystems (Fortsetzung)

Stellenwert im Dezimalsystem

Bei allen Dezimalzahlen hängt der Wert einer Ziffer von der Stelle ab, an der sie steht:
Bei **ganzzahligen Dezimalzahlen** stehen ganz rechts die Einer, links davon die Zehner, Hunderter, Tausender usw. Die Stellenwerte werden wie folgt bezeichnet:

Zahl	Potenzschreibweise	Bezeichnung	Zahl	Potenzschreibweise	Bezeichnung
1	10^0	Einer	1 000 000 000	10^9	Milliarde
10	10^1	Zehner	1 000 000 000 000	10^{12}	Billion
100	10^2	Hunderter	1 000 000 000 000 000	10^{15}	Billiarde
1 000	10^3	Tausender	1 000 000 000 000 000 000	10^{18}	Trillion
1 000 000	10^6	Million	1 000 000 000 000 000 000 000	10^{21}	Trilliarde

Bei **Dezimalbrüchen** stehen rechts neben dem Komma zuerst die Zehntel, rechts daneben folgen die Hundertstel, Tausendstel usw. Die Stellenwerte werden wie folgt bezeichnet:

Zahl	Potenzschreibweise	Bezeichnung	Zahl	Potenzschreibweise	Bezeichnung
0,1	10^{-1}	Zehntel	0,000 01	10^{-5}	Hunderttausendstel
0,01	10^{-2}	Hundertstel	0,000 001	10^{-6}	Millionstel
0,001	10^{-3}	Tausendstel	0,000 000 001	10^{-9}	Milliardstel
0,000 1	10^{-4}	Zehntausendstel	0,000 000 000 001	10^{-12}	Billiardstel

Grundrechenarten

Rechenarten

	Beispiele und Bezeichnungen		
• Addition; addieren oder zusammenzählen	$6+3=9$; 6 und 3 heißen Summanden oder Glieder	9 als Ergebnis heißt Summe	Rechnen mit „+“ und „−“ bezeichnet man als **Strichrechnen**
• Subtraktion; subtrahieren oder abziehen	$6-3=3$; 6 heißt Minuend; 3 heißt Subtrahend	3 als Ergebnis heißt Differenz	
• Multiplikation; multiplizieren oder malnehmen	$6 \cdot 3=18$; 6 und 3 heißen Faktoren	18 als Ergebnis heißt Produkt	Rechnen mit „·“ und „:“ (auch mit dem Bruchstrich) bezeichnet man als **Punktrechnen**
• Division; dividieren oder teilen	$6:3=2$; 6 heißt Dividend; 3 heißt Divisor	2 als Ergebnis heißt Quotient	
Punktrechnen geht vor Strichrechnen	$2+3 \cdot 5=(3 \cdot 5$ ist $15)$, also $2+15=\underline{\underline{17}}$		

Besonderheiten beim Rechnen mit 0

V $0:a=0$, denn $0 \cdot a=\underline{\underline{0}}$;	$a:0$ ist nicht erlaubt.

Verbinden mehrerer Grundrechenarten (Klammerrechnen)

V

- Bei **Einfachklammerrechnungen** zuerst die Klammerausdrücke ausrechnen

  $(2+3) \cdot 5=5 \cdot 5=\underline{\underline{25}}$

- Bei **Doppelklammerrechnungen** zuerst die inneren (runden), dann die äußeren (eckigen) Klammerausdrücke ausrechnen

  $4[7+(2+3) \cdot 5-10]+3=4[7+5 \cdot 5-10]+3$
  $=4[7+25-10]+3=4 \cdot 22+3=\underline{\underline{91}}$

Rechnen mit Zahlen des Dezimalsystems (Fortsetzung)

Primzahlen

D **Primzahlen** sind nur durch 1 und durch sich selbst ohne Rest teilbar; z. B. 2, 3, 5, 7, 11, 13, 17.
Primfaktoren sind in Faktoren ausgedrückte Primzahlen, z. B. $7 \cdot 11$ als Primfaktoren von 77.

Runden bei Dezimalzahlen

D **Runden** heißt, eine bestimmte Stelle einer Dezimalzahl, die sogenannte *Rundestelle,* zur letzten werthabenden Stelle zu erklären und diese dann entweder abzurunden, aufzurunden oder kaufmännisch zu runden.
Liegt die Rundungsstelle links vom Komma, werden die nachfolgenden ganzen Stellen durch Nullen ersetzt.
Liegt die Rundungsstelle rechts vom Komma, fallen die nachfolgenden Stellen weg.

	genaue Zahl	Rundestelle	gerundete Zahl
V • **Abrunden** heißt, die Rundestelle, unabhängig vom Wert der nachfolgenden Stellen, unverändert zu lassen.	251,793 456 678,5	Zehntel Tausender	251,7 456 000
• **Aufrunden** heißt, die Rundestelle, unabhängig vom Wert der nachfolgenden Stellen, um 1 zu erhöhen.	346,721 239 210,46	Hundertstel Hunderter	346,73 239 300
• **Kaufmännisches Runden** (5/4-Runden) heißt,			
– die *Rundestelle unverändert* zu lassen, wenn auf diese eine der Ziffern 0 bis 4 folgt,	346,721 239 210,46	Hundertstel Hunderter	346,72 239 200
– die *Rundestelle um 1 zu erhöhen,* wenn auf diese eine der Ziffern 5 bis 9 folgt.	452,285 351 825,68	Zehntel Tausender	452,3 352 000

3 Bruchrechnen

D **Brüche** sind rationale Zahlen, dargestellt als Quotienten jeweils zweier ganzer Zahlen, z. B. $\frac{3}{4}$; 3 ist der *Zähler,* 4 ist der *Nenner* des Bruches.

Arten von Brüchen

$\frac{2}{5}$ = echter Bruch (Zähler < Nenner);

$\frac{7}{4}$ = unechter Bruch (Zähler > Nenner);

$2\frac{1}{3}$ = gemischte Zahl (ganze Zahl und echter Bruch);

0,43 = Dezimalbruch;

$\frac{2}{9}, \frac{4}{9}, \frac{8}{9}$ = gleichnamige Brüche (Brüche mit gleichen Nennern).

$\frac{1}{4}, \frac{2}{5}, \frac{3}{11}$ = ungleichnamige Brüche (Brüche mit ungleichen Nennern).

Kürzen und Erweitern von Brüchen

V
- **Kürzen** eines Bruches bedeutet, Zähler und Nenner durch die ganze Zahl zu dividieren. Der Wert des Bruches ändert sich durch das Kürzen nicht.
- **Erweitern** eines Bruches bedeutet, Zähler und Nenner mit der gleichen Zahl zu multiplizieren. Der Wert des Bruches ändert sich durch das Erweitern nicht.

$$\frac{4x \cdot y}{4y \cdot z} = \underline{\underline{\frac{x}{z}}}; \quad \frac{6 \cdot 2 \cdot 7}{7 \cdot 8 \cdot 6} = \frac{2}{8} = \underline{\underline{\frac{1}{4}}}$$

$$\frac{a}{b} \text{ erweitert mit } z = \underline{\underline{\frac{az}{bz}}}$$

$$\frac{3}{8} \text{ erweitert mit } 2 = \frac{3 \cdot 2}{8 \cdot 2} = \underline{\underline{\frac{6}{16}}}$$

Bruchrechnen (Fortsetzung)

Umwandeln einer gemischten Zahl in einen unechten Bruch

V Zähler des unechten Bruchs = ganze Zahl · Nenner + Zähler.
Der Nenner bleibt unverändert.

$$4\frac{2}{7} = \frac{(4 \cdot 7) + 2}{7} = \underline{\underline{\frac{30}{7}}}$$

Umwandeln eines unechten Bruches in eine gemischte Zahl

V Zähler : Nenner = ganze Zahl + $\frac{\text{Rest}}{\text{Nenner}}$

$$\frac{30}{7} = 4 \text{ Rest } \frac{2}{7} = \underline{\underline{4\frac{2}{7}}}$$

Addieren und Subtrahieren von Brüchen

V
- Bei *gleichnamigen Brüchen* werden die **Zähler addiert** bzw. **subtrahiert** und der jeweils gemeinsame Nenner unverändert gelassen.
- Bei *ungleichnamigen Brüchen* müssen die Zähler vor dem Addieren bzw. Subtrahieren so **erweitert** werden, daß sie den **kleinsten gemeinsamen Nenner** (Hauptnenner) haben.

$$\frac{3}{8} + \frac{2}{8} = \frac{3+2}{8} = \underline{\underline{\frac{5}{8}}}; \quad \frac{15}{9} - \frac{7}{9} = \frac{15-7}{9} = \underline{\underline{\frac{8}{9}}}$$

$$\frac{1}{3} + \frac{2}{5} = \frac{5}{15} + \frac{6}{15} = \frac{5+6}{15} = \underline{\underline{\frac{11}{15}}}$$

Bestimmen des gemeinsamen Nenners (Hauptnenner, HN)

V Die *Nenner* der Brüche werden miteinander **multipliziert**, die **Zähler** dann **entsprechend erweitert**.

$$\frac{1}{2} + \frac{1}{3} - \frac{1}{5} \qquad HN = 2 \cdot 3 \cdot 5 = 30$$

$$\frac{15}{30} + \frac{10}{30} + \frac{6}{30} = \underline{\underline{\frac{19}{30}}}$$

Bestimmen des kleinsten gemeinsamen Nenners (Hauptnenner, HN)

V Nenner, die in einem anderen enthalten sind, werden **weggelassen**.

$$\cancel{\frac{1}{3}} + \cancel{\frac{1}{4}} + \frac{1}{8} + \frac{1}{9} + \frac{1}{12} + \frac{1}{15}$$

Die übrigen Nenner werden so lange durch Primzahlen **dividiert**, bis sich die Zahl 1 ergibt.

Primzahlen	Nenner 8	9	12	15
:2	4	9	6	15
:2	2	9	3	15
:2	1	9	3	15
:3		3	1	5
:3		1		5
:5				1

Alle Teiler (Primzahlenteiler) werden multipliziert; das Produkt ist der **kleinste gemeinsame Nenner** (HN).

$$2 \cdot 2 \cdot 2 \cdot 3 \cdot 3 \cdot 5 = 360$$

Die Brüche werden auf den Hauptnenner **erweitert**.

$$\frac{120}{360} + \frac{90}{360} + \frac{45}{360} + \frac{40}{360} + \frac{30}{360} + \frac{24}{360} = \underline{\underline{\frac{349}{360}}}$$

Primfaktorentabelle zum Auffinden des Hauptnenners

$4 = 2 \cdot 2$	$12 = 2 \cdot 2 \cdot 3$	$20 = 2 \cdot 2 \cdot 5$	$26 = 2 \cdot 13$
$6 = 2 \cdot 3$	$14 = 2 \cdot 7$	$21 = 3 \cdot 7$	$27 = 3 \cdot 3 \cdot 3$
$8 = 2 \cdot 2 \cdot 2$	$15 = 3 \cdot 5$	$22 = 2 \cdot 11$	$28 = 2 \cdot 2 \cdot 7$
$9 = 3 \cdot 3$	$16 = 2 \cdot 2 \cdot 2 \cdot 2$	$24 = 2 \cdot 2 \cdot 2 \cdot 3$	$30 = 2 \cdot 3 \cdot 5$
$10 = 2 \cdot 5$	$18 = 2 \cdot 3 \cdot 3$	$25 = 5 \cdot 5$	

Bruchrechnen (Fortsetzung)

Multiplizieren und Dividieren von Brüchen

V Brüche werden **multipliziert**, indem **Zähler mit Zähler** und **Nenner mit Nenner** multipliziert werden.

$\frac{5}{7} \cdot \frac{3}{8} \cdot 9 = \frac{5 \cdot 3 \cdot 9}{7 \cdot 8 \cdot 1} = \frac{135}{56} = \underline{\underline{2\frac{23}{56}}}$

Brüche werden **dividiert**, indem der erste Bruch (Dividend) mit dem **Kehrwert** des zweiten Bruchs (Divisor) **multipliziert** wird.

$\frac{2}{5} : \frac{8}{9} : 7 = \frac{2}{5} \cdot \frac{9}{8} \cdot \frac{1}{7} = \frac{18}{280} = \underline{\underline{\frac{9}{140}}}$

Teilbarkeitsregeln

V Zahlen sind **ohne Rest teilbar**

- **durch 2,** wenn ihre letzte Ziffer **0** oder durch **2** teilbar ist;
  $1782 : 2 = \underline{\underline{891}}$ (letzte Ziffer ist 2)
- **durch 3,** wenn ihre Quersumme – d.h. die Summe ihrer Ziffern – durch **3** teilbar ist;
  $159 : 3 = \underline{\underline{53}}$ (1+5+9=15; Quersumme 15:3=5)
- **durch 4,** wenn die aus ihren letzten beiden Ziffern gebildete Zahl **0** oder durch **4** teilbar ist;
  $1768 : 4 = \underline{\underline{442}}$ (letzte beiden Ziffern 68:4=17)
- **durch 5,** wenn ihre letzte Ziffer **0** oder **5** ist;
  $6235 : 5 = \underline{\underline{1247}}$ (letzte Ziffer ist 5)
- **durch 6,** wenn ihre letzte Ziffer durch **2** und ihre Quersumme durch **3** teilbar ist;
  $2754 : 6 = \underline{\underline{459}}$ (2+7+5+4=18; Quersumme 18:3=6; letzte Ziffer 4:2=2)
- **durch 8,** wenn die aus ihren letzten 3 Ziffern gebildete Zahl durch **8** teilbar ist;
  $17248 : 8 = \underline{\underline{2156}}$ (letzte drei Ziffern 248:8=31)
- **durch 9,** wenn ihre Quersumme durch **9** teilbar ist.
  $273150 : 9 = \underline{\underline{30350}}$ (2+7+3+1+5+0=18; Quersumme 18:9=2)

Umwandeln eines Bruches in einen Dezimalbruch

V Ein Bruch wird in einen Dezimalbruch umgewandelt, indem der **Zähler durch** den **Nenner dividiert** wird.

Beim Umwandeln eines Bruches in einen Dezimalbruch kann entstehen

- ein **endlicher Dezimalbruch:** er hat endlich viele (von Null verschiedene) Ziffern;
  $\frac{7}{20} \triangleq 0{,}35$ („Null Komma drei, fünf")
- ein **unendlicher Dezimalbruch:** er hat unendlich viele Ziffern
  - *beim rein periodischen Dezimalbruch* wiederholt sich eine bestimmte Ziffer oder Ziffernfolge (≙ Periode) fortlaufend,
    $\frac{1}{3} \triangleq 0{,}\overline{3}$ („Null Komma Periode 3")
  - *beim gemischt periodischen Dezimalbruch* entstehen zunächst endlich viele Stellen (≙ Vorperiode), danach wiederholt sich eine bestimmte Ziffernfolge (≙ Periode) fortlaufend.
    $\frac{61}{111} \triangleq 0{,}\overline{549}$ („Null Komma Periode fünf, vier, neun")
    $\frac{522}{990} \triangleq 0{,}5\overline{27}$ („Null Komma fünf Periode zwei, sieben")

Tabelle zum Umwandeln von Brüchen in Dezimalbrüche

$\frac{1}{2} \dots \frac{1}{10}$		$\frac{1}{11} \dots \frac{1}{20}$		$\frac{1}{21} \dots \frac{1}{30}$		$\frac{1}{31} \dots \frac{1}{40}$		$\frac{1}{41} \dots \frac{1}{50}$		$\frac{1}{51} \dots \frac{1}{60}$		$\frac{1}{61} \dots \frac{1}{70}$		$\frac{1}{71} \dots \frac{1}{80}$		$\frac{1}{81} \dots \frac{1}{90}$		$\frac{1}{91} \dots \frac{1}{100}$	
n		*n*		*n*		*n*		*n*		*n*		*n*		*n*		*n*		*n*	
		11	0,0909	21	0,0476	31	0,0323	41	0,0244	51	0,0196	61	0,0164	71	0,0141	81	0,0123	91	0,0109
2	0,5000	12	0,0833	22	0,0455	32	0,0313	42	0,0238	52	0,0192	62	0,0161	72	0,0139	82	0,0122	92	0,0108
3	0,3333	13	0,0769	23	0,0435	33	0,0303	43	0,0233	53	0,0189	63	0,0159	73	0,0137	83	0,0120	93	0,0107
4	0,2500	14	0,0714	24	0,0417	34	0,0294	44	0,0227	54	0,0185	64	0,0156	74	0,0135	84	0,0119	94	0,0106
5	0,2000	15	0,0667	25	0,0400	35	0,0286	45	0,0222	55	0,0181	65	0,0154	75	0,0133	85	0,0118	95	0,0105
6	0,1667	16	0,0625	26	0,0385	36	0,0278	46	0,0217	56	0,0179	66	0,0152	76	0,0132	86	0,0116	96	0,0104
7	0,1429	17	0,0588	27	0,0370	37	0,0270	47	0,0213	57	0,0175	67	0,0149	77	0,0130	87	0,0115	97	0,0103
8	0,1250	18	0,0556	28	0,0357	38	0,0263	48	0,0208	58	0,0172	68	0,0147	78	0,0128	88	0,0114	98	0,0102
9	0,1111	19	0,0526	29	0,0345	39	0,0256	49	0,0204	59	0,0169	69	0,0145	79	0,0127	89	0,0112	99	0,0101
10	0,1000	20	0,0500	30	0,0333	40	0,0250	50	0,0200	60	0,0167	70	0,0143	80	0,0125	90	0,0111	100	0,0100

Ist der gegebene Zähler größer als 1, muß die abgelesene Dezimalzahl mit dem gegebenen Zähler multipliziert werden.

Umwandeln eines Dezimalbruches in einen Bruch

V Ein **endlicher Dezimalbruch** wird in einen Bruch umgewandelt, indem er mit $\frac{10}{10}, \frac{100}{100}, \frac{1\,000}{1\,000}$ usw. erweitert wird; das Ergebnis wird, falls möglich, gekürzt.

$$0{,}35 = \frac{35}{100} = \underline{\underline{\frac{7}{20}}}$$

$$0{,}006 = \frac{6}{1\,000} = \underline{\underline{\frac{3}{500}}}$$

- Ein **rein periodischer Dezimalbruch** wird in einen Bruch umgewandelt, indem die Periode durch so viele „Neuner" dividiert wird, als die Periode Stellen hat.

$$0{,}\overline{4} = \frac{4}{9}; \quad 0{,}\overline{31} = \underline{\underline{\frac{31}{99}}};$$

$$0{,}\overline{369} = \frac{369}{999} = \underline{\underline{\frac{41}{111}}}$$

- Ein **gemischt periodischer Dezimalbruch** wird in einen Bruch umgewandelt, indem
  - der *periodische Teil* des Dezimalbruchs wie ein rein periodischer Dezimalbruch durch entsprechend viele „Neuner" dividiert wird,
  - der *so entstandene echte Bruch* zur Vorperiode addiert wird und
  - die *Summe* wie ein endlicher Dezimalbruch mit $\frac{10}{10}, \frac{100}{100}, \frac{1\,000}{1\,000}$ usw. erweitert und, falls möglich, gekürzt wird.

$$0{,}6\overline{3} = \frac{6\frac{3}{9}}{10} = \frac{57}{90} = \underline{\underline{\frac{19}{30}}}$$

$$0{,}45\overline{3} = \frac{45\frac{3}{9}}{100} = \frac{\frac{408}{9}}{100} = \frac{408}{900} = \underline{\underline{\frac{102}{225}}}$$

$$0{,}38\overline{42} = \frac{38\frac{42}{99}}{100} = \frac{\frac{3\,804}{99}}{100} = \frac{3\,804}{9\,900} = \underline{\underline{\frac{317}{825}}}$$

$$0{,}67\overline{279} = \frac{67\frac{279}{999}}{100} = \frac{67\,212}{99\,900} = \underline{\underline{\frac{1\,867}{2\,775}}}$$

4 Mengenalgebra und Aussagenlogik

Mengen

D Mengen sind die Zusammenfassung unterscheidbarer Gegenstände zu einem Ganzen. Die zusammengefaßten Gegenstände selbst sind die Elemente der Menge.

Schreibweisen und ihre Bedeutung

$\{a_1, a_2, \ldots, a_n\}$	Menge der Elemente $a_1, a_2, \ldots, a_n$		
$\{x \mid B(x)\}$	Menge aller x, für die $B(x)$ gilt		
$\emptyset$, auch $\{\ \}$	leere Menge (enthält kein Element)		
$a \in M$	a ist Element von M		$a, b \in M \Leftrightarrow a \in M \wedge b \in M$
$a \notin M$	a ist nicht Element von M		
$M = N$	M gleich N (Mengen mit denselben Elementen – Mengengleichheit!)		
$M \subseteq N$, $M \subset N$	M ist Teilmenge	von N wenn gilt:	Aus $x \in M \Rightarrow x \in N$ für alle $x \in M$
$M \cap N$	Schnittmenge	von M und N	$M \cap N = \{x \mid x \in M \wedge x \in N\}$
$M \cup N$	Vereinigungsmenge	von M und N	$M \cup N = \{x \mid x \in M \vee x \in N\}$
$M \setminus N$	Differenzmenge (gelesen: M ohne N)	von M und N	$M \setminus N = \{x \mid x \in M \wedge x \notin N\}$
$\complement M$, auch $\overline{M}$	Komplementmenge	von M	$\complement M = G \setminus M$ (G ist Grundmenge)
$M \times N$	Produktmenge	von M und N	$M \times N = \{(a, b) \mid a \in M \wedge b \in N\}$
$\mathfrak{P}(M)$	Potenzmenge	von M	$\mathfrak{P}(M) = \{T \mid T \subseteq M\}$

Standardmengen (DIN 5473)

$\mathbb{N} = \{0, 1, 2, \ldots\}$ (früher $\mathbb{N}_0$)	$\mathbb{N}^* = \mathbb{N} \setminus \{0\} = \{1, 2, 3, \ldots\}$ (früher $\mathbb{N}$)
$\mathbb{Z}$ = Menge der ganzen Zahlen	$\mathbb{Z}^* = \mathbb{Z} \setminus \{0\}$; $\mathbb{Z}^*_+ = \{x \mid x \in \mathbb{Z}^* \wedge x > 0\}$
$\mathbb{Q}$ = Menge der rationalen Zahlen	$\mathbb{Q}^* = \mathbb{Q} \setminus \{0\}$; $\mathbb{Q}^*_+ = \{x \mid x \in \mathbb{Q}^* \wedge x > 0\}$
$\mathbb{R}$ = Menge der reellen Zahlen	$\mathbb{R}^* = \mathbb{R} \setminus \{0\}$; $\mathbb{R}^*_+ = \{x \mid x \in \mathbb{R}^* \wedge x > 0\}$
$\mathbb{C}$ = Menge der komplexen Zahlen	$\mathbb{C} = \{z \mid z = a + bi \wedge a, b \in \mathbb{R} \wedge i = \sqrt{-1}\}$

Gesetze der Mengenalgebra (G, $\cup$, $\cap$, $^-$); $A, B, C \subset G$; G = Grundmenge

Kommutativgesetze	$A \cup B = B \cup A$	$A \cap B = B \cap A$
Assoziativgesetze	$(A \cup B) \cup C = A \cup (B \cup C)$	$(A \cap B) \cap C = A \cap (B \cap C)$
Distributivgesetze	$A \cup (B \cap C) = (A \cup B) \cap (A \cup C)$	$A \cap (B \cup C) = (A \cap B) \cup (A \cap C)$

Aussagen

D Aussagen sind Sätze, bei denen man eindeutig entscheiden kann, ob sie wahr (W) oder falsch (F) sind; (W) und (F) bezeichnet man als Wahrheitswerte (vgl. DIN 5474).

Aussagenvariable

$p, q, \ldots$ sind Buchstaben oder andere Zeichen, an deren Stelle *Aussagen oder Wahrheitswerte* gesetzt werden können.

Verknüpfungszeichen, Verknüpfungen

$\neg p$	nicht p	*Negation*
$p \wedge q$	p und q	*Konjunktion*
$p \vee q$	p oder q (einschließendes oder)	*Disjunktion*

Wahrheitstafeln

p	q	$\neg p$	$p \wedge q$	$p \vee q$
W	W	F	W	W
W	F	F	F	W
F	W	W	F	W
F	F	W	F	F

Mengenalgebra und Aussagenlogik (Fortsetzung)

Zeichen für Folgerungen

$p \Rightarrow q$	wenn p, dann q (aus p folgt q) (p ist hinreichende Bedingung für q)	(*logische Implikation*)
$p \Leftrightarrow q$	p genau dann (dann und nur dann), wenn q; *andere Sprechweise* p äquivalent q	(*logische Äquivalenz*)

Gesetze der Aussagenalgebra – Gesetze der Aussagenlogik (G, $\vee$, $\wedge$, $\neg$)

Kommutativgesetze	$p \vee q \Leftrightarrow q \vee p$	$p \wedge q \Leftrightarrow q \wedge p$
Assoziativgesetze	$(p \vee q) \vee r \Leftrightarrow p \vee (q \vee r)$	$(p \wedge q) \wedge r \Leftrightarrow p \wedge (q \wedge r)$
Distributivgesetze	$p \vee (q \wedge r) \Leftrightarrow (p \vee q) \wedge (p \vee r)$	$p \wedge (q \vee r) \Leftrightarrow (p \wedge q) \vee (p \wedge r)$

5 Gleichungen und Ungleichungen

D

- **Variable (Platzhalter)** sind Buchstaben oder andere Zeichen (z. B. a, b, c, x, y, z, □, △), an deren Stelle Zahlen aus einer gegebenen Menge, der Grundmenge, gesetzt werden. — $3x+7 \quad (x \in \mathbb{G})$
- **Term** ist ein arithmetischer Ausdruck, der aus Zahlen, Variablen und Rechenzeichen besteht. (Division durch Null ist nicht erlaubt.) — $8-5$, $x+7$, $3a-9$, $3x^2-2x+y$, $(a+b)^2$
- **Gleichungen** bestehen aus zwei Termen, t_1 und t_2, die durch „=" miteinander verbunden sind. — $5x-7=3x+9 \quad (x \in \mathbb{N})$; $x^2+y^2=36 \quad (x, y \in \mathbb{Q})$
- **Ungleichungen** bestehen aus zwei Termen, t_1 und t_2, die durch „>" oder „<" miteinander verbunden sind. — $5x+3>7x-4$, $x^2-2y<0$
  - *Gleichungen und Ungleichungen 1. Grades* enthalten Variable in der 1. Potenz (x^1). — $5x+3=17-4x$, $2x+6>20$
  - *Gleichungen und Ungleichungen 2. Grades* enthalten Variable in der 2. Potenz (x^2). — $5x^2+3=15-2x^2$, $4x^2-7<200$
  - *Gleichungen und Ungleichungen n-ten Grades* enthalten Variable n-ten Grades (x^n). — $5x^n+3=16-2x^n$, $2x^2-20 \geqq 50$

Gleichungen und Ungleichungen (Fortsetzung)

Gleichungen 1. Grades mit zwei und mehr Unbekannten

V • **Additionsmethode.** Gleichungen werden so *umgeformt,* daß beim späteren *Addieren* eine Variable wegfällt.

$$\begin{array}{lrl} & \text{(I)} & 20x+3y=132 \quad |\cdot 2 \\ & \text{(II)} & 8x-6y=24 \\ \text{umgeformt:} & \text{(I)} & 40x+6y=264 \\ + & \text{(II)} & 8x-6y=24 \\ \text{Summe (I+II):} & & 48x \quad =288; \quad \underline{\underline{x=6}} \\ x=6 \text{ eingesetzt in (II):} & & 8\cdot 6-6y=24; \quad \underline{\underline{y=4}} \end{array}$$

• **Gleichsetzungsmethode.** Zwei Gleichungen werden nach einer Variablen aufgelöst (umgeformt) und dann *gleichgesetzt.*

$$\begin{array}{lrl} & \text{(I)} & 20x+3y=132 \\ & \text{(II)} & 8x-6y=24 \\ \text{nach } x \text{ aufgelöst:} & \text{(I)} & x=\frac{132-3y}{20} \\ & \text{(II)} & x=\frac{24+6y}{8} \\ \text{gleichgesetzt (I=II):} & & \frac{132-3y}{20}=\frac{24+6y}{8}; \quad \underline{\underline{y=4}} \\ y=4 \text{ eingesetzt in (II):} & & 8x-6\cdot 4=24; \quad \underline{\underline{x=6}} \end{array}$$

• **Einsetzungsmethode.** Eine Gleichung wird nach einer Variablen aufgelöst (umgeformt) und in die andere *eingesetzt.*

$$\begin{array}{lrl} & \text{(I)} & 20x+3y=132 \\ & \text{(II)} & 8x-6y=24 \\ \text{(II) nach } x \text{ aufgelöst:} & & x=\frac{24+6y}{8} \\ x=\frac{24+6y}{8} \text{ eingesetzt in (I):} & & 20\cdot\left(\frac{24+6y}{8}\right)+3y=132; \quad \underline{\underline{y=4}} \\ y=4 \text{ eingesetzt in (II):} & & 8x-6\cdot 4=24; \quad \underline{\underline{x=6}} \end{array}$$

Binomische Formeln

$(a+b)^2=a^2+2ab+b^2$	$(a-b)^2=a^2-2ab+b^2$	$(a+b)\cdot(a-b)=a^2-b^2$

Quadratische Gleichungen

Normalform: $ax^2+bx+c=0 \quad (a\neq 0) \quad L=\{x_1, x_2\}$

$$x_{1,2}=\frac{-b\pm\sqrt{b^2-4ac}}{2a}=\frac{-\frac{b}{2}\pm\sqrt{\left(\frac{b}{2}\right)^2-ac}}{a}$$

Normierte Form: $x^2+px+q=0$

$$x_{1,2}=\frac{-p\pm\sqrt{p^2-4q}}{2}=-\frac{p}{2}\pm\sqrt{\left(\frac{p}{2}\right)^2-q}$$

Die Richtigkeit der Lösungen von x_1 und x_2 kann durch die **Sätze von Vieta** kontrolliert werden:

$$x_1+x_2=-\frac{b}{a} \qquad x_1\cdot x_2=\frac{c}{a}$$

$$x_1+x_2=-p \qquad x_1\cdot x_2=q$$

Gleichungen *n*-ten Grades

Lösungen von $a_nx^n+a_{n-1}x^{n-1}+\cdots+a_1x+a_0=0 \qquad (a_n\neq 0)$

1. Ist n ungerade, so hat die Gleichung *mindestens eine* reelle Lösung.
2. Für beliebiges n gilt: a) Es gibt *höchstens* n verschiedene reelle Lösungen.
   b) Mit $z=a+bi$ ist auch $\bar{z}=a-bi$ eine Lösung. $(z\in\mathbb{C})$

6 Potenzen und Wurzeln

D • **Potenzieren** bedeutet, eine Zahl mit sich selbst zu multiplizieren; die zu potenzierende Zahl nennt man **Basis.** Der **Exponent,** die Hochzahl, gibt an, wie oft die Zahl mit sich selbst multipliziert werden soll ($3^4 = 81$). Das Ergebnis heißt **Potenzwert.**

$3^4 = 81$, denn $3 \cdot 3 \cdot 3 \cdot 3 = 81$ (Potenzwert)

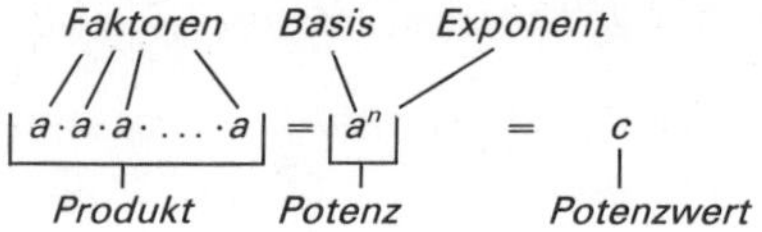

$a^1 = a$; $a^0 = 1$ $(a \neq 0)$

• **Wurzelziehen (radizieren)** bedeutet, die Zahl unter dem Wurzelzeichen in gleiche Faktoren zu zerlegen; die zu radizierende Zahl nennt man **Wurzelbasis.** Der **Wurzelexponent,** die Wurzelhochzahl, gibt an, in wie viele gleiche Faktoren die Zahl zerlegt werden soll ($\sqrt[3]{125} = 5$). Das Ergebnis heißt **Wurzelwert.**

$\sqrt[3]{125} = 5$; denn $5 \cdot 5 \cdot 5 = 125$ (Wurzelwert)

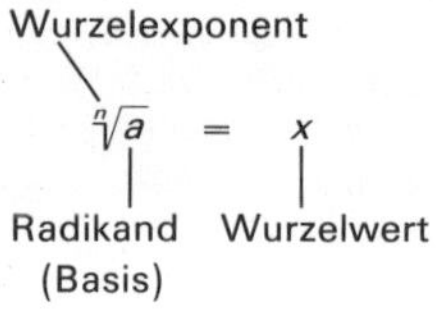

$a \geqq 0$

$x^n = a$ $n \rightarrow$ natürliche Zahl

Potenz- und Wurzelsätze

V $a^m \cdot a^n = a^{m+n}$	$\sqrt[n]{a} \cdot \sqrt[n]{b} = \sqrt[n]{ab}$	$a^{-n} = \frac{1}{a^n}$
$a^m : a^n = a^{m-n}$	$\sqrt[n]{a} : \sqrt[n]{b} = \sqrt[n]{\frac{a}{b}}$	$a^{\frac{1}{n}} = \sqrt[n]{a}$
$a^n \cdot b^n = (ab)^n$	$(\sqrt[n]{a})^m = \sqrt[n]{a^m} = \sqrt[kn]{a^{km}}$	$a^{\frac{m}{n}} = \sqrt[n]{a^m}$
$a^n : b^n = \left(\frac{a}{b}\right)^n$	$\sqrt[m]{\sqrt[n]{a}} = \sqrt[mn]{a} = \sqrt[n]{\sqrt[m]{a}}$	$a^{-\frac{m}{n}} = \frac{1}{\sqrt[n]{a^m}}$
$(a^m)^n = a^{mn} = (a^n)^m$		

Wurzelsätze sind Potenzsätze mit gebrochenen Hochzahlen.

7 Relationen und Funktionen

Produktmenge

D Die Menge aller geordneten Paare $\{x|y\}$, die aus den Elementen der Mengen A und B gebildet werden können, bezeichnet man als die **Produktmenge** von A und B.
Man schreibt: $A \times B = \{(x|y) | x \in A \wedge y \in B\}$.
Man spricht: „A kreuz B ist die Menge aller geordneten Paare $\{x|y\}$, für die gilt, daß x ein Element der Menge A und y ein Element der Menge B ist".

Menge $A = \{1; 2; 3\}$; Menge $B = \{a; b\}$;
$A \times B = \{(1, a); (1, b); (2, a); (3, a); (3, B)\}$

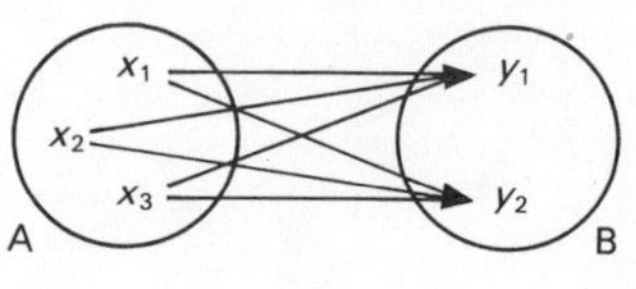

Relationen und Funktionen (Fortsetzung)

Relationen

D Werden einige Elemente der Menge A einigen Elementen der Menge B paarweise zugeordnet, nennt man die Menge der entstandenen Paare eine **Relation (R).** R ist eine Teilmenge der Produktmenge. R = A × B

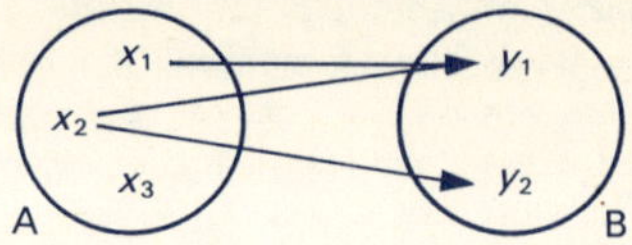

Die **Definitionsmenge D** einer Relation ist diejenige Menge aller Elemente, die die *erste Komponente* der Paare $\{x|y\}$ sind. Die **Wertmenge W** einer Relation ist diejenige Menge aller Elemente, die die *zweite Komponente* der Paare $\{x|y\}$ sind.

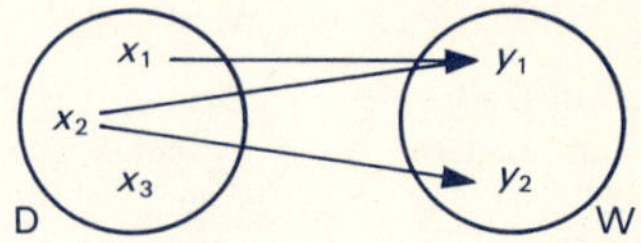

Eine **Relation ist eindeutig,** wenn jedem Element von D genau ein Element von W zugeordnet ist.

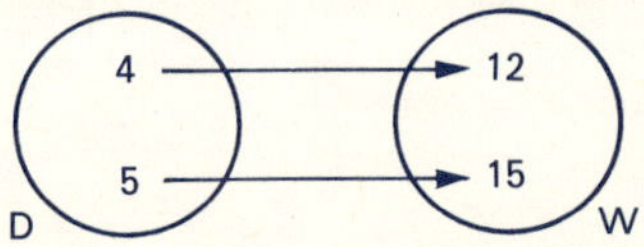

„... ist ein Drittel von ..."
4 ist ein Drittel von 12; 5 ist ein Drittel von 15.
Beide Zuordnungen sind eindeutig.

Eine **Relation ist mehrdeutig,** wenn mindestens einem Element von D mehrere Elemente von W zugeordnet sind.

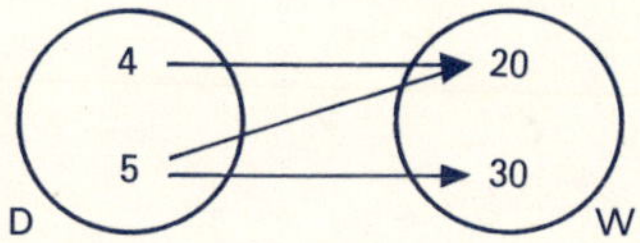

„... ist Teiler von ..."
5 ist Teiler von 20 *und* 30; es liegt *keine* eindeutige Zuordnung vor.

Funktionen

D Eine Relation, bei der jedem Element der Menge D genau ein Element der Menge W zugeordnet ist, nennt man eine **Funktion** (f). Eine Funktion ist folglich eine *eindeutige Relation.*
Jede Funktion ist eine Relation; umgekehrt ist nicht jede Relation eine Funktion.
Eine Funktion wird durch ihre **Funktionsgleichung** $y = f(x)$ beschrieben: x ist die *unabhängige Variable,* y die *abhängige Variable.*
Die Darstellung von f als Punktmenge im Koordinatensystem heißt *Graph* oder *Schaubild* der Funktion f.

(Darstellungsweisen)
Funktionsgleichung: $y = 2x$

Pfeildiagramm

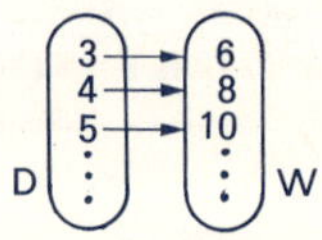

Wertetabelle

x	$y = f(x)$
3	6
4	8
5	10
−3	−6
−4	−8
−5	−10
⋮	⋮

Koordinatensystem

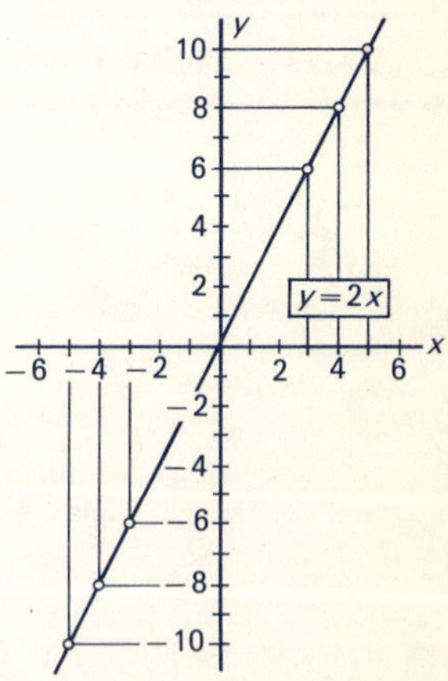

Relationen und Funktionen (Fortsetzung)

Koordinatensystem

D Zur Darstellung von Relationen wird das **Koordinatensystem** (Achsenkreuz, Gitternetz) benutzt. Es wird aus zwei Zahlengeraden (Achsen) gebildet. Die waagrechte Zahlengerade wird *x-Achse (Abszisse)*, die senkrechte *y-Achse (Ordinate)* genannt.

Der Achsenschnittpunkt heißt **Nullpunkt** oder **Ursprung.**

Beide Achsen teilen die Ebene in vier Felder oder **Quadranten,** die man, entgegen dem Uhrzeigersinn, mit I, II, III und IV bezeichnet.

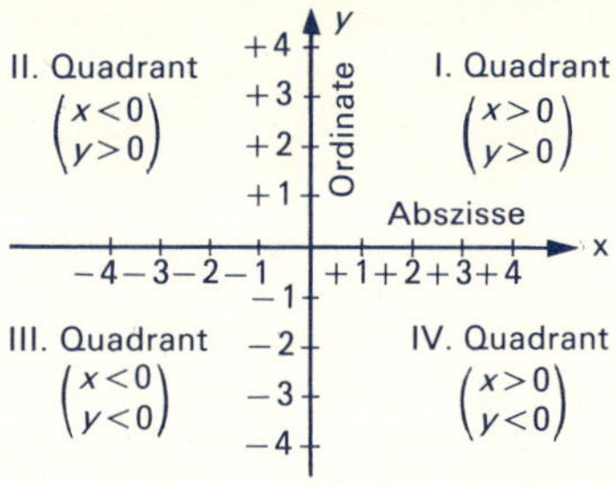

Lineare Funktionen

D Alle Funktionen mit der Funktionsgleichung $y=mx+b$ bezeichnet man als **lineare Funktionen.**

Der Graph (Schaubild) einer linearen Funktion ist eine **Gerade.**

Der **Schnittpunkt** einer linearen Funktion *mit der y-Achse* wird durch das (absolute) Glied b bestimmt.

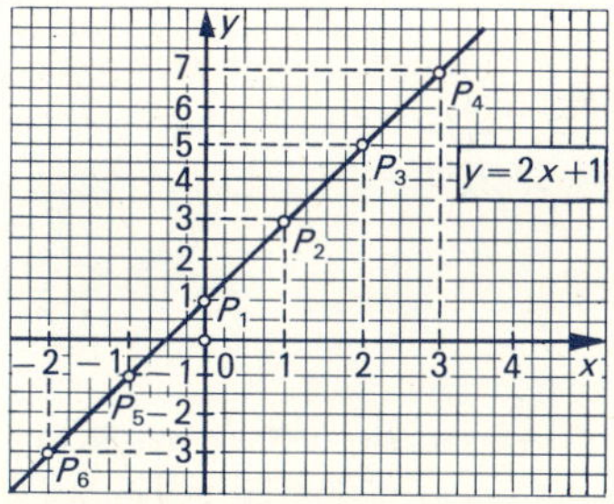

Die **Steigung** wird bei linearen Funktionen durch den *Faktor m* bestimmt.

Sind zwei Punkte P_1 und P_2 einer Geraden gegeben, so läßt sich der **Steigungsfaktor** m errechnen:

$$m=\frac{y_2-y_1}{x_2-x_1}.$$

$P_1\,(6|10)$ bedeutet: $x_1=6$; $y_1=10$

$P_2\,(14|20)$ bedeutet: $x_2=14$; $y_2=20$

$$m=\frac{20-10}{14-6}; \quad m=\frac{10}{8}=\underline{\underline{1{,}25}}$$

Die **Gerade** verläuft

- steigend, wenn $m>0$,
- fallend, wenn $m<0$,
- parallel zur x-Achse, wenn $m=0$.

Die Größe des Faktors m bestimmt, in welcher Richtung die Gerade verläuft.

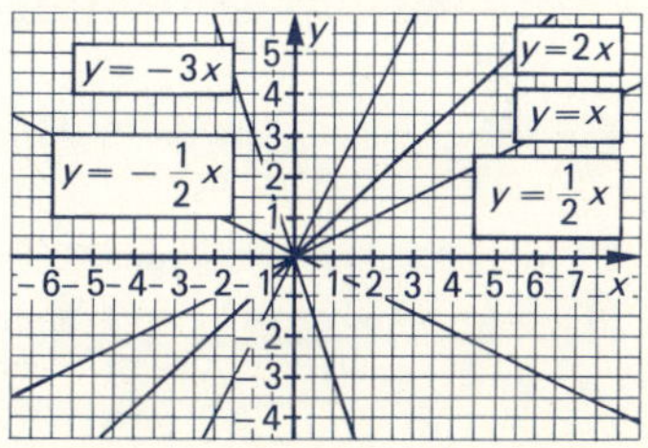

Nichtlineare Funktionen (Potenzfunktionen)

D Wenn die unabhängige Variable x einer Funktionsgleichung eine Hochzahl (Exponent) besitzt, die ungleich 1 ist, liegt eine **Potenzfunktion** vor: $y=x^n$. Der *Graph* (Schaubild) der Funktion $y=x^n$ ist vor allem von n abhängig. Man unterscheidet dabei folgende Formen:

Funktionsgleichung	*Beschreibung von n*	*Name des Graph*
$y=x^n$	Der Exponent n ist größer als 1, positiv und ganzzahlig; Exponent $=2;\ 3;\ 4;\ \ldots$	*Parabel* z. B. $y=x^3\rightarrow$ Parabel 3. Ordnung
$y=x^{-n}$	Der Exponent n ist negativ und ganzzahlig; Exponent $=-1;\ -2;\ -3;\ \ldots$	*Hyperbel* z. B. $y=x^{-3}\rightarrow$ Hyperbel 3. Ordnung
$y=x^{\frac{m}{n}}$	Der Exponent ist ein Bruch; Exponent $=\frac{1}{2};\ -\frac{3}{4};\ \frac{5}{9};\ \ldots$	*Wurzelfunktionen* z. B. $y=\sqrt{10}=10^{\frac{1}{2}}$

Relationen und Funktionen (Fortsetzung)

Parabeln

D Jede Funktionsgleichung von der Form

$$y=x^2$$

ist eine **Normalparabel,** deren Scheitelpunkt im Nullpunkt liegt.

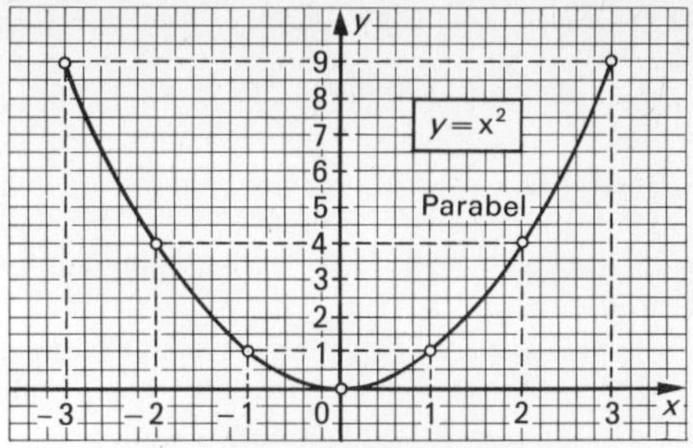

Jede Funktionsgleichung von der Form

$$y=mx^2$$

ist für $m>1$ eine **gestreckte Normalparabel,** für $0<m<1$ eine **gestauchte Normalparabel.** Für $m<0$ ist die Parabel nach unten geöffnet; sie ist an der x-Achse gespiegelt.

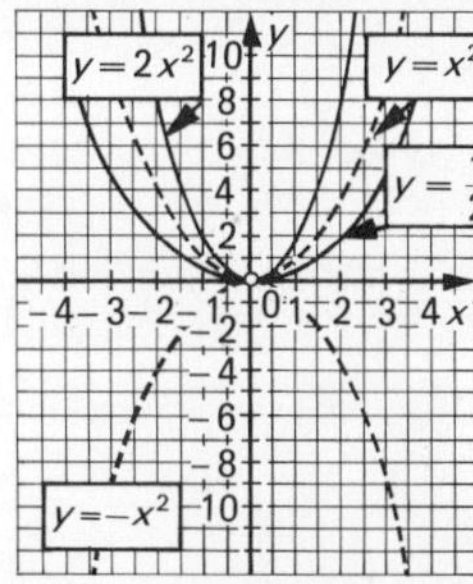

Jede Funktionsgleichung von der Form

$$y=x^{2n}$$

(der Exponent ist gerade)

verläuft **achsensymmetrisch** zur y-Achse; der Scheitelpunkt liegt im Nullpunkt. Alle Graphen haben die Punkte $(-1/1)$, $(0/0)$ und $(1/1)$ gemeinsam.

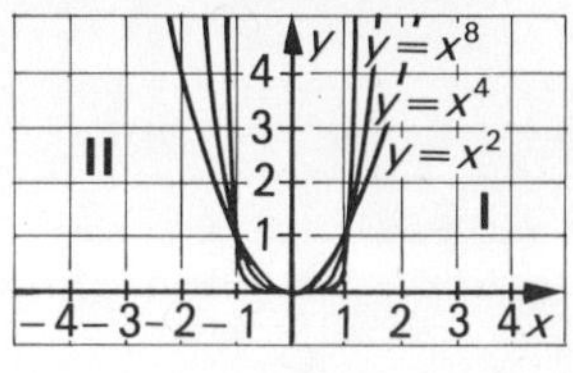

Jede Funktionsgleichung von der Form

$$y=x^{2n+1}$$

(der Exponent ist ungerade)

verläuft **punktsymmetrisch** zum Nullpunkt; der Nullpunkt ist Wendepunkt. Alle Schaubilder haben die Punkte $(-1/-1)$, $(0/0)$ und $(1/1)$ gemeinsam.

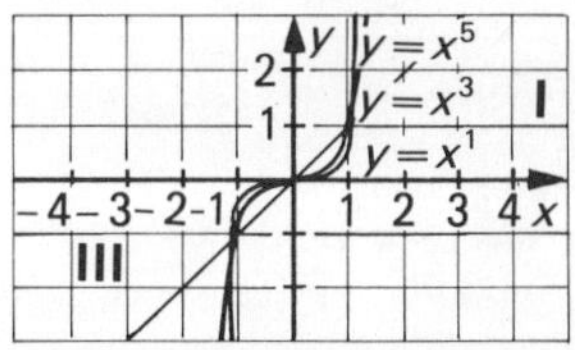

Jede Funktionsgleichung von der Form

$$y=x^2+b$$

ist eine **Normalparabel,** die um b gegenüber der Parabel mit der Funktionsgleichung $y=x^2$ *verschoben* ist. Die Verschiebung verläuft auf der y-Achse, die Richtung der Verschiebung wird durch das Vorzeichen von b bestimmt. Der Scheitelpunkt S hat die Koordinaten $(0/b)$; d.h., $x=0$; $y=b$.

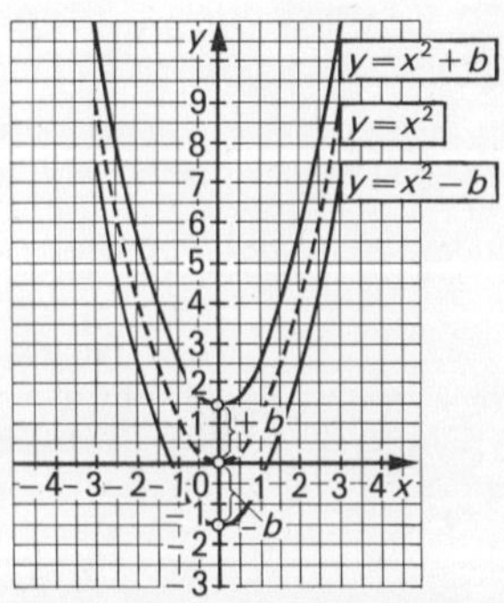

Jede Funktionsgleichung von der Form

$$y=(x+a)^2$$

ist eine **Normalparabel**, die um a gegenüber der Parabel mit der Funktionsgleichung $y=x^2$ *verschoben* ist. Die Verschiebung verläuft auf der x-Achse, die Richtung der Verschiebung wird durch das Vorzeichen von a bestimmt. Der Scheitelpunkt S hat die Koordinaten $(-a/0)$; d. h., $x=-a$; $y=0$.

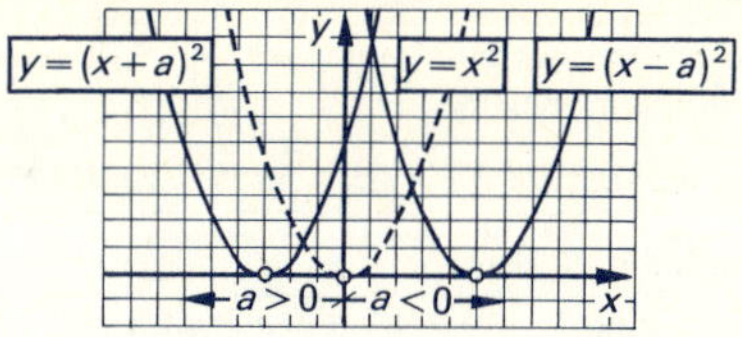

Hyperbeln

D Jede Funktionsgleichung von der Form

$$y=x^{-2n}=\frac{1}{x^{2n}}$$

($n=1$; 2; 3; ...; d. h., der Exponent ist stets *gerade*) ergibt als *Graph* eine **Hyperbel**, deren Hyperbeläste sich im I. und II. Quadranten den Achsen *asymptotisch nähern* (von griech. asymptotos = nicht zusammentreffend). Alle Graphen haben die Punkte $(-1/1)$ und $(1/1)$ gemeinsam.

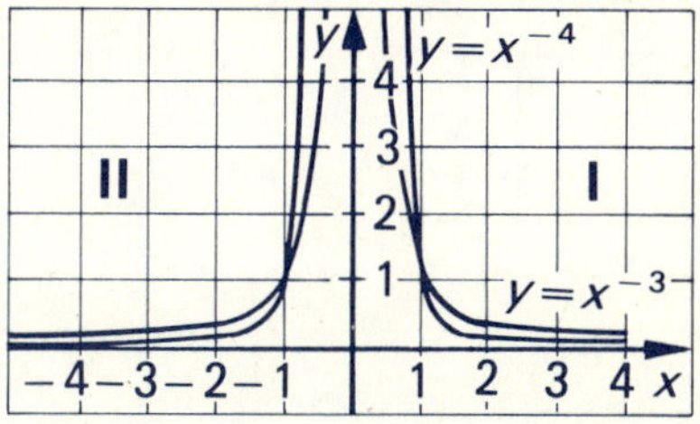

Jede Funktionsgleichung von der Form

$$y=x^{-2n+1}=\frac{1}{x^{2n+1}}$$

($n=1$;2;3;...;d. h., der Exponent ist stets *ungerade*) ergibt als *Graph* eine **Hyperbel**, deren Hyperbeläste sich im I. und III. Quadranten den Achsen *asymptotisch nähern.* Alle Schaubilder haben die Punkte $(-1|-1)$ und $(1|1)$ gemeinsam.

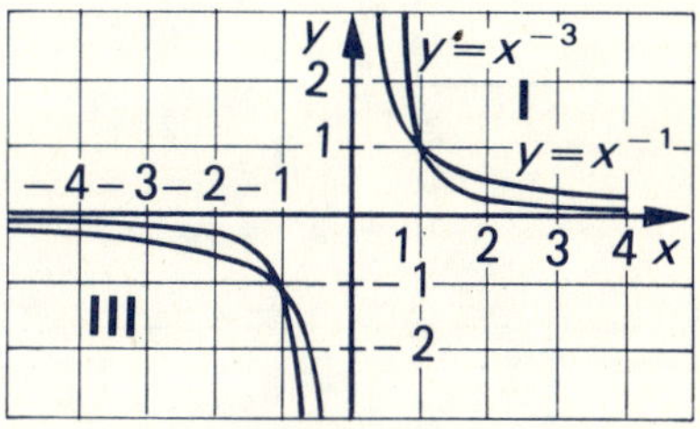

Jede Funktionsgleichung von der Form

$$y=-x^{-1}=-\frac{1}{x}$$

ergibt als *Graph* eine **Hyperbel**, deren Hyperbeläste sich im II. und IV. Quadranten den Achsen *asymptotisch nähern.*

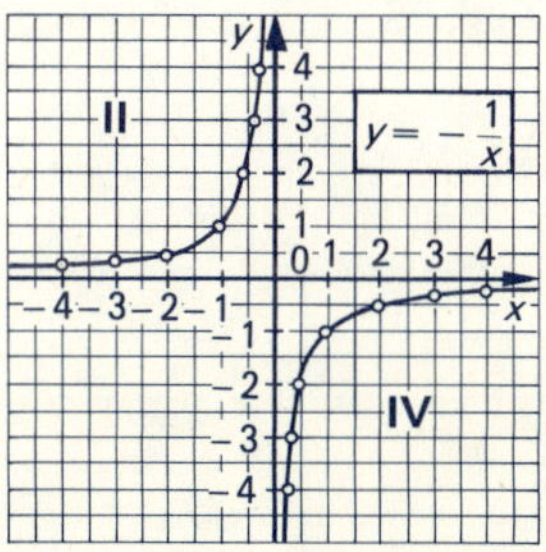

Jede Funktionsgleichung von der Form

$$y=\pm\sqrt{x}=\pm x^{\frac{1}{2}}$$

verläuft *achsensymmetrisch* zur x-Achse; der Scheitelpunkt liegt im Nullpunkt.

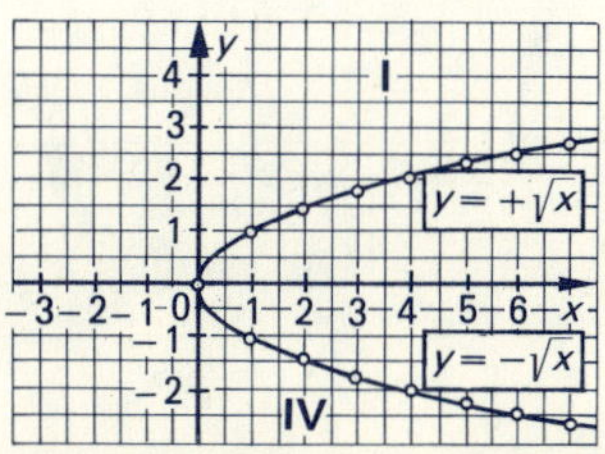

8 Flächen- und Körperberechnungen

Flächen

Einheiten

Die SI-Einheit der Fläche ist das Quadratmeter, Einheitenzeichen m^2.

Umrechnungszahl für Flächeneinheiten = 100.

$100\ m^2 = 1$ Ar; Einheitenzeichen a
$100\ a = 1$ Hektar; Einheitenzeichen ha

Geometrische Figuren

Geometrische Figuren mit Formelzeichen	Formeln für das Berechnen der Fläche (*A*) und des Umfangs (*U*)	Geometrische Figuren mit Formelzeichen	Formeln für das Berechnen der Fläche (*A*) und des Umfangs (*U*)
Quadrat 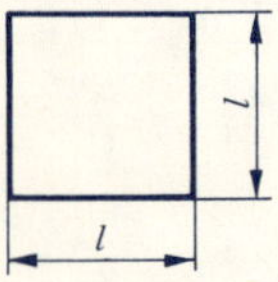	$A = l \cdot l = l^2$ $U = 4 \cdot l$	**Dreieck** 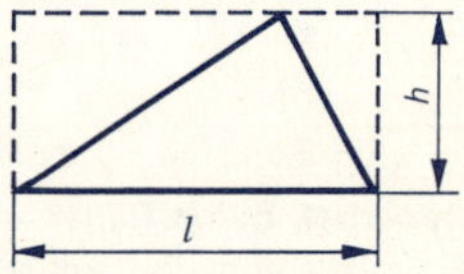	$A = \frac{l_1 \cdot h}{2}$ $U = l_1 + l_2 + l_3$
Rechteck 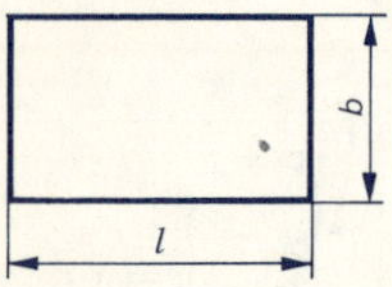	$A = l \cdot b$ $U = 2(l + b)$	**Kreis** 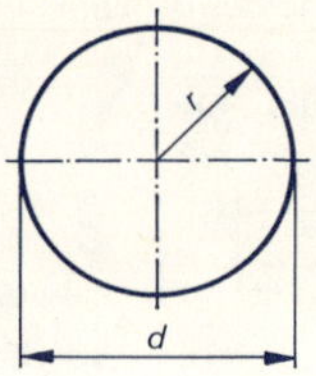	$d = 2r$ $A = \frac{d^2 \cdot \pi}{4}$ $(\pi = 3{,}1415926)$ $U = d \cdot \pi$
Parallelogramm 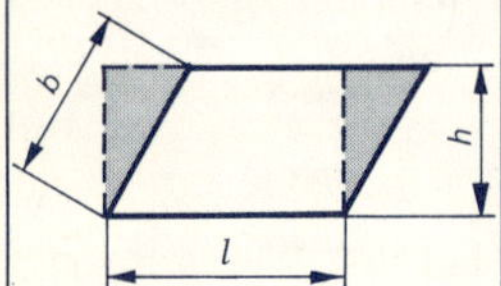	$A = l \cdot h$ $U = 2(l + b)$	**Kreisausschnitt** 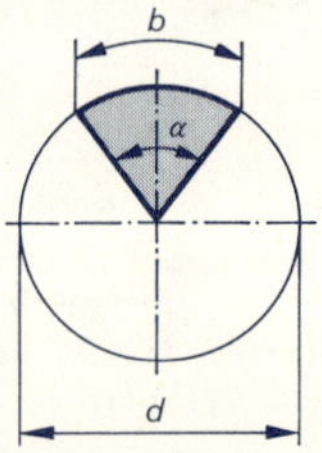	$A = \frac{d^2 \cdot \frac{\pi}{4} \cdot \alpha}{360°}$ $A = \frac{b \cdot d}{4}$; $b = \frac{d \cdot \pi \cdot \alpha}{360°}$ $U = \frac{d \cdot \pi \cdot \alpha}{360°} + d$
Trapez 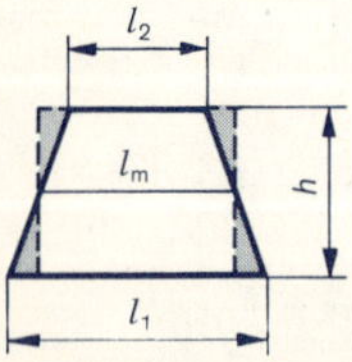	$A = l_m \cdot h$; $l_m = \frac{l_1 + l_2}{2}$ $U = l_1 + l_2 + l_3 + l_4$ l_m = Mittelparallele	**Kreisabschnitt** 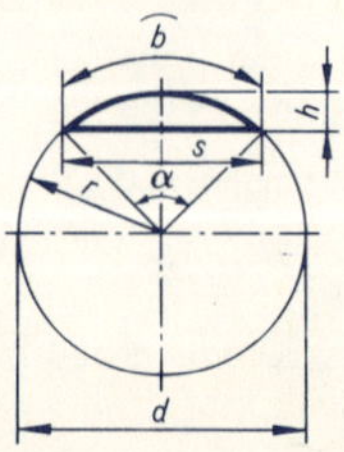	$A \approx \frac{2}{3} \cdot s \cdot h$ $U = \frac{d \cdot \pi \cdot \alpha}{360°} + s$

Flächen und Körperberechnungen (Fortsetzung)

Körper (Volumen)

Einheiten

Die SI-Einheit des Volumens ist das Kubikmeter, Einheitenzeichen m^3.	$1000\ cm^3 = 1\ dm^3 = 1$ Liter; Einheitenzeichen l		
	$1\ cm^3 = 1\ ml$	$10\ cm^3 = 0{,}01\ l = 1\ cl$	$100\ l = 1\ hl$
Umrechnungszahl für Volumeneinheiten = 1000.			

Geometrische Figuren

Geometrische Figuren mit Formelzeichen	Formeln für das Berechnen des Volumens (V), des Mantels (A_M) und der Oberfläche (A_O)	Geometrische Figuren mit Formelzeichen	Formeln für das Berechnen des Volumens (V), des Mantels (A_M) und der Oberfläche (A_O)
Würfel 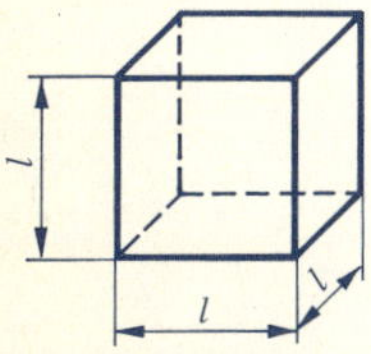	$V = l \cdot l \cdot l = l^3$ $A_O = 6 \cdot l \cdot l = 6 \cdot l^2$	**Zylinder** 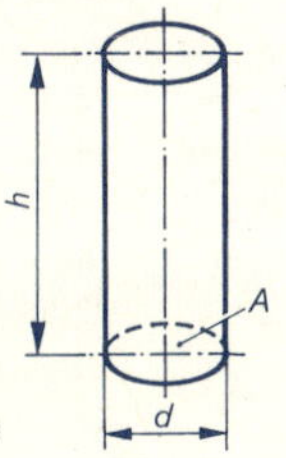	$V = \frac{\pi}{4} \cdot d^2 \cdot h$ $A_M = d \cdot \pi \cdot h$ $A_O = 2A + A_M$
Prisma 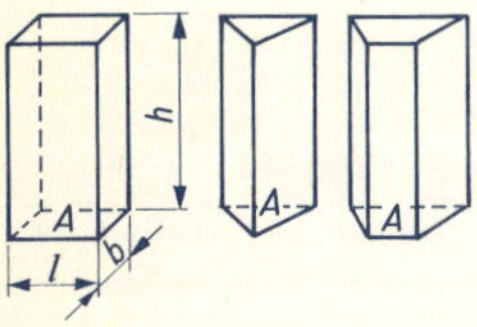	$V = A \cdot h$ A_M = Summe aller Seitenflächen $A_O = 2A + A_M$	**Kugel** 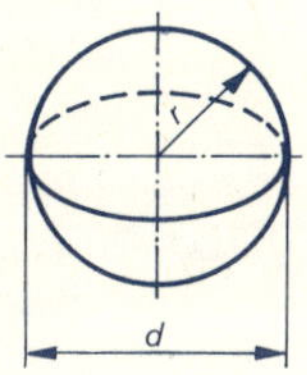	$V = \frac{d^3 \cdot \pi}{6}$ $A_O = d^2 \cdot \pi$
Pyramide 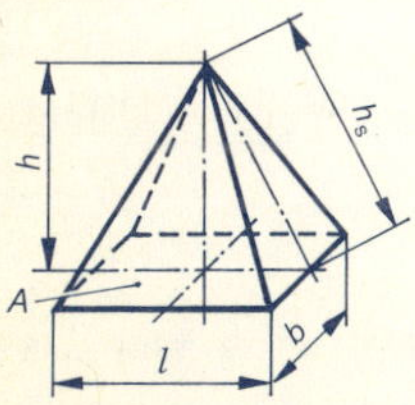	$V = \frac{A \cdot h}{3}$ A_M = Summe der Seitendreiecke $A_O = l \cdot b + A_M$	**Kegel** 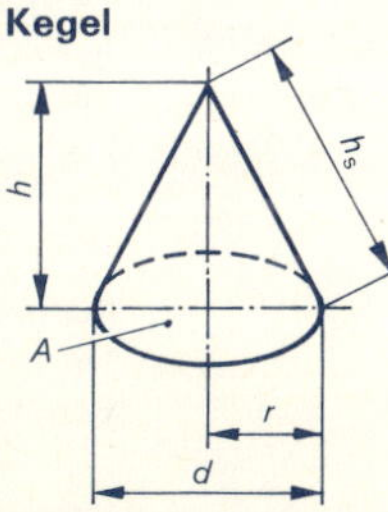	$V = \frac{A \cdot h}{3}$ $A_M = \frac{d \cdot \pi \cdot h}{2}$ $h_s = \sqrt{h^2 + r^2}$ $A_O = A + A_M$
Pyramidenstumpf 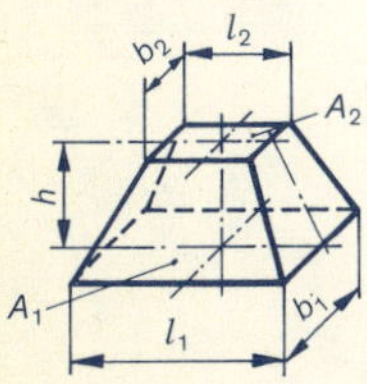	$V = \frac{h}{3} \cdot (A_1 + A_2 + \sqrt{A_1 \cdot A_2})$ $V \approx A_m \cdot h;\quad A_m = \frac{A_1 + A_2}{2}$ A_m = Mittelfläche A_M = Summe der Seitentrapeze	**Kegelstumpf** 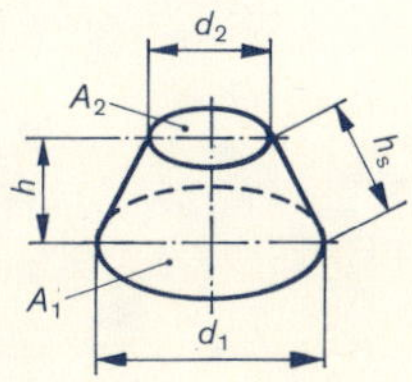	$V = \frac{h}{3} \cdot (A_1 + A_2 + \sqrt{A_1 \cdot A_2})$ $A_M = \frac{d_1 + d_2}{2} \cdot \pi \cdot h_s$ $h_s = \sqrt{h^2 + \left(\frac{d_1 - d_2}{2}\right)^2}$ $A_O = A_1 + A_2 + A_M$

ZWEITER TEIL: Kaufmännische Rechenverfahren in Wirtschaft und Verwaltung

9 Schlußrechnen

Einfaches Schlußrechnen (Dreisatzrechnen)

D Beim *einfachen Schlußrechnen* wird von **drei bekannten Größen** auf die vierte unbekannte Größe geschlossen.

Die Größen stehen in einem geraden Verhältnis zueinander (direkte Proportionalität)

V Je *mehr* kg, desto *mehr* DM
je *weniger* ..., desto *weniger* ...

Nehmen die Zahlenwerte einer Größe zu, so nehmen die Zahlenwerte der anderen Größe ebenfalls zu; nehmen sie ab, so nehmen diejenigen der anderen Größe ebenfalls ab.

Bedingungsgleichung: ↑ 5 kg ≙ 20,— DM ⇑
Fragegleichung: 8 kg ≙ x DM

Lösung durch Schluß über die Einheit
Die Zahl über dem x in den Zähler setzen; die Zahl bei der Pfeilspitze des einfachen Pfeiles in den Nenner setzen; die Zahl beim Pfeilende des einfachen Pfeiles in den Zähler setzen.

$$x = \frac{20 \cdot 8}{5}$$
$$\underline{\underline{x = 32,\text{— DM}}}$$

Lösung mit Proportion
Die linke Seite der Proportion mit x beginnen; die rechte Seite der Proportion mit den Zahlen in der jeweiligen Pfeilrichtung anschließen; nach x auflösen.

$$x : 20 = 8 : 5$$
$$x \cdot 5 = 20 \cdot 8$$
$$x = \frac{20 \cdot 8}{5}$$
$$\underline{\underline{x = 32,\text{— DM}}}$$

Die Größen stehen in einem ungeraden Verhältnis zueinander (indirekte Proportionalität)

V Je *mehr* Arbeiter, desto *weniger* Tage
je *weniger* ..., desto *mehr* ...

Nehmen die Zahlenwerte einer Größe zu, so nehmen die Zahlenwerte der anderen Größe ab; nehmen sie ab, so nehmen diejenigen der anderen Größe zu.

Bedingungsgleichung: ↓ 5 Arbeiter ≙ 20 Tagen ⇑
Fragegleichung: 8 Arbeiter ≙ x Tagen

Lösung durch Schluß über die Einheit
Die Zahl über dem x in den Zähler setzen; die Zahl bei der Pfeilspitze des einfachen Pfeiles in den Nenner setzen; die Zahl beim Pfeilende des einfachen Pfeiles in den Zähler setzen.

$$x = \frac{20 \cdot 5}{8}$$
$$\underline{\underline{x = 12{,}5 \approx 13 \text{ Tage}}}$$

Lösung mit Proportion
Die linke Seite der Proportion mit x beginnen; die rechte Seite der Proportion mit den Zahlen in der jeweiligen Pfeilrichtung anschließen; nach x auflösen.

$$x : 20 = 5 : 8$$
$$x \cdot 8 = 20 \cdot 5$$
$$x = \frac{20 \cdot 5}{8}$$
$$\underline{\underline{x = 12{,}5 \approx 13 \text{ Tage}}}$$

Schlußrechnen (Fortsetzung)

Hinweis für den Ansatz

Die Art des Verhältnisses läßt sich durch **Pfeile** verdeutlichen.

- Der **Doppelpfeil rechts** neben der gesuchten Größe weist stets nach oben. ⇑
- Liegt ein gerades Verhältnis (direkte Proportionalität) zur gesuchten Einheit vor, wird **links ein einfacher Pfeil** gesetzt, der in die **gleiche Richtung** wie der Doppelpfeil weist. ↑ ⇑
- Liegt ein ungerades Verhältnis (indirekte Proportionalität) zur gesuchten Einheit vor, wird **links ein einfacher Pfeil** gesetzt, der in die **entgegengesetzte Richtung** wie der Doppelpfeil weist. ↓ ⇑

Zusammengesetztes Schlußrechnen (Vielsatzrechnen)

D Beim *zusammengesetzten Schlußrechnen* wird von **vielen bekannten Größen** (fünf, sieben, neun usw.) auf die gesuchte sechste, achte, zehnte usw. Größe geschlossen.

Die gesuchte Größe kann zu jeder der gegebenen Größen entweder in einem geraden oder in einem ungeraden Verhältnis stehen

V Je mehr Arbeitstage zur Verfügung stehen,
desto weniger Phonotypistinnen werden für die Arbeit benötigt (ungerades Verhältnis)
..., desto mehr Seiten werden geschrieben (gerades Verhältnis)
..., desto weniger Stunden/täglich werden für die Arbeit benötigt (ungerades Verhältnis)

Bedienungsgleichung:	↓ 6 Phonotypistinnen ≙	↑ 630 Seiten ≙	↓ 5 Stunden täglich ≙	3 Arbeitstagen ⇑
Fragegleichung:	8 Phonotypistinnen ≙	1120 Seiten ≙	4 Stunden täglich ≙	x Arbeitstagen

Lösung durch Schluß über die Einheit $x = \frac{3 \cdot 6 \cdot 1120 \cdot 5}{8 \cdot 630 \cdot 4}$; $\underline{\underline{x = 5 \text{ Arbeitstage}}}$

Lösung mit Proportionen $x:3 = \left\{\begin{matrix} 6:8 \\ 1120:630 \\ 5:4 \end{matrix}\right\}$; $x = \frac{3 \cdot 6 \cdot 1120 \cdot 5}{8 \cdot 630 \cdot 4}$; $\underline{\underline{x = 5 \text{ Arbeitstage}}}$

Hinweis für den Ansatz

Die Art jedes *einzelnen* Verhältnisses zur gesuchten Einheit läßt sich durch **einfache Pfeile** verdeutlichen (vgl. obigen Hinweis für den Ansatz beim einfachen Schlußrechnen).

10 Rechnen mit nichtdezimalen Größen

Nichtdezimale Größen

D **Nichtdezimale Größen** sind solche Größen, bei denen die höheren oder niedrigeren Einheiten *keine Vielfachen von 10, 100 oder 1000* sind (z. B. 1 Stunde ≙ 60 Minuten ≙ 3600 Sekunden).

- Mit der **Umrechnungszahl** werden nichtdezimale Größen in höhere oder niedrigere Einheiten umgerechnet (z. B. Stunden in Minuten; Sekunden in Minuten).
- Mit der **Entsprechungszahl** wird angegeben, wie viele dezimale Einheiten einer nichtdezimalen Einheit entsprechen (z. B. 0,9144 m ≙ 1 yard).

Rechnen mit nichtdezimalen Größen (Fortsetzung)

Gebräuchliche nichtdezimale Einheiten

Zeiteinheiten	**Zeichen**	**Umrechnungszahl**
1 Tag (d) ≙ 24 Stunden (h)	d, von lat. *d*ies = Tag h, von lat. *h*ora = Stunde	24
1 h ≙ 60 Minuten (min)	min, von lat. *min*uere = verringern	60
1 min ≙ 60 Sekunden (s)	s, von lat. *s*ecundus = der Zweite, d. h. die „zweite" Verringerung oder Teilung	60

Zeiten unter einer Sekunde werden dezimal unterteilt, z. B. 0,01 s
Schreibweise: h 4.55.24 = 4 Stunden, 55 Minuten, 24 Sekunden.
Im Sportverkehr werden Zeiteinheiten durch Doppelpunkte unterteilt: h 2:24:34,6 = 2 Stunden, 24 Minuten, 34,6 Sekunden.

Amerikanische Längeneinheiten	**Umrechnungszahl**	**Entsprechungszahl** (dezimale Entsprechung in Meter)
1 yard (yd) ≙ 3 feet (ft)	3	0,9144 m
1 foot (ft) ≙ 12 inches (in)	12	0,3048 m (≙ 30,479 cm)
1 in ≙ 12 lines	12	0,0254 m (≙ 25,3995 mm)
1 line		0,00211 m (≙ 2,11 mm)

Schreibweise: yd 23. 2. 8 = 23 yards, 2 feet, 8 inches, in der Wirtschaft üblich: 12 yards ≙ 11 m.

Amerikanische Masseeinheiten (Handelsgewichte)	**Umrechnungszahl**	**Entsprechungszahl** (dezimale Entsprechung in kg)
1 short ton (shtn) ≙ 20 hundredweights (cwt) oder 20 centals	20	907,184 kg
1 cwt ≙ 4 quarters (qr)	4	45,359 kg
1 qr ≙ 25 pounds (lb)	25	11,3398 kg
1 lb ≙ 16 ounces (oz)	16	0,45359 kg ≙ 453,59 g
1 oz		0,02834 kg ≙ 28,34 g
1 shtn ≙ 2000 lbs; 1 cwt ≙ 100 lb		

Schreibweise: cwt 23. 3. 22 = 23 hundredweights, 3 quarters, 22 pounds
Im Schiffsverkehr wird auch die long ton (lgtn) verwendet:
1 lgtn ≙ 2240 lb; 1 cwt ≙ 112 lb; 1 lgtn ≙ 1016 kg; 1 cwt ≙ 50,8 kg

Amerikanische Volumeneinheiten (Hohlmaße für Flüssigkeiten)	**Umrechnungszahl**	**Entsprechungszahl** (dezimale Entsprechung in Liter)
1 gallon (gal) ≙ 4 quarts (qt)	4	3,785 *l*
1 qt ≙ 2 pints (pt)	2	0,946 *l*
1 pt ≙ 4 gills (gi)	4	0,473 *l*
1 gi		0,118 *l*

Schreibweise: gal 30.2.1.3 = 30 gallons, 2 quarts, 1 pint, 3 gills
In den meisten amerikanischen Bundesstaaten entsprechen 31½ gallons 1 barrel, das sind 119,2275 *l*, in manchen Bundesstaaten entsprechen 32 gallons 1 barrel, das sind 121,12 *l*.

Rechnen mit nichtdezimalen Größen (Fortsetzung)

Umrechnen in niedrigere oder höhere Einheiten

V **Umrechnungsformel 1:**

Höhere Einheit · Umrechnungszahl ≙ Niedrigerer Einheit

h 2.34.18 = 9258 s

2 h · 60 = 120 min
\+ 34 min
154 min · 60 = 9240 s
\+ 18 s
9258 s

Zeiteinheiten	Amerikanische Längeneinheiten	Amerikanische Masseeinheiten	Amerikanische Volumeneinheiten
h · 60 = min	yd · 3 = ft	shtn · 20 = cwt	gal · 4 = qt
min · 60 = s	ft · 12 = in	cwt · 4 = qr	qt · 2 = pt
		qr · 25 = lb	pt · 4 = gi
		lb · 16 = oz	

Umrechnungsformel 2:

Niedrigere Einheit : Umrechnungszahl ≙ Höherer Einheit (Rest ist niedrigere Einheit)

9258 s = h 2.34.18

9258 s : 60 = 154 min (Rest 18)
154 min : 60 = 2 (Rest 34)

s : 60 = min	in : 12 = ft	oz : 16 = lb	gi : 4 = pt
min : 60 = h	ft : 3 = yd	lb : 25 = qr	pt : 2 = qt
		qr : 4 = cwt	qt : 4 = gal
		cwt : 20 = shtn	

Die jeweiligen *Reste* entsprechen den jeweils niedrigeren Einheiten (z. B. s : 60 = min; Rest sind s).

Umrechnen von nichtdezimalen Größen in Dezimalbrüche und umgekehrt

V **Umrechnungsformel 3:**

Niedrigere Einheit : Umrechnungszahl ≙ Niedrigerer Einheit als Dezimalbruch der höheren Einheit

h 2.34.18 ≙ $2{,}571\overline{6}\ldots$ h

18 s : 60 ≙ 0,3 min
\+ 34 min
34,3 min : 60 ≙ $0{,}571\overline{6}\ldots$ h
\+ 2 h
$2{,}571\overline{6}\ldots$ h

Zeiteinheiten	Amerikanische Längeneinheiten	Amerikanische Masseneinheiten	Amerikanische Volumeneinheiten
s : 60 = 0,… min	in : 12 = 0,… ft	oz : 16 = 0,… lb	pt : 2 = 0,… qt
…,… min : 60 = 0,… h	…,… ft : 3 = 0,… yd	…,… lb : 25 = 0,… qr	…,… qt : 4 = 0,… gal
		qr : 4 = 0,… cwt	
		…,… cwt : 20 = 0,… shtn	

Umrechnungsformel 4:

Dezimalbruch der höheren Einheit · Umrechnungszahl ≙ Niedrigere Einheit

$2{,}571\overline{6}\ldots$ h ≙ h 2.34.18

$0{,}571\overline{6}\ldots$ h · 60 ≙ 34,3 min
0,3 min · 60 ≙ 18 s = h 2.34.18

0,… h · 60 = …,… min	0,… yd · 3 = …,… ft	0,… shtn · 20 = …,… cwt	0,… gal · 4 = …,… qt
0,… min · 60 = …,… s	0,… ft · 12 = …,… in	0,… cwt · 4 = …,… qr	0,… qt · 2 = …,… pt
		0,… qr · 25 = …,… lb	
		0,… lb · 16 = …,… oz	

Rechnen mit nichtdezimalen Größen (Fortsetzung)

Umrechnen von amerikanischen nichtdezimalen Größen in entsprechende deutsche dezimale Größen

V **Entsprechungsformel 1:**

Amerikanische nichtdezimale Größe in dezimaler Schreibweise	·	Entsprechungszahl	≙	Deutscher dezimaler Größe

(cwt) · (Entsprechungszahl)
36,5 · 45,359 ≙ 1 655,6035 kg

Entsprechungsformel 2:

Deutsche dezimale Größe	:	Entsprechungszahl	≙	Amerikanischer nichtdezimaler Größe

(kg) : (Entsprechungszahl)
1 655,6035 : 45,359 ≙ 36,5 cwt

11 Sortenrechnen – Rechnen mit ausländ. Geldsorten

D **Sorten** sind bare Zahlungsmittel ausländischer Währungen (Banknoten und Münzen).
Kurs (Wechselkurs) ist der Preis für 100 ausländische Währungseinheiten, ausgedrückt in der jeweiligen Inlandswährung. Ausnahmen sind die Kurse für Pfund Sterling (£) und amerik. Dollar ($), die für 1 Währungseinheit angegeben werden, und diejenigen für italienische Lira (Lit), die für 1 000 Währungseinheiten gelten.

- **Geldkurs** ist der Ankaufskurs einer Bank; er ist der niedrigere Kurs.
- **Briefkurs** ist der Verkaufskurs einer Bank; er ist der höhere Kurs.

Sortenhandel

V

Bankkunde verkauft	**Bank kauft**	**Bank verkauft**	**Bankkunde kauft**
ausländische Zahlungsmittel an die Bank und *erhält* dafür DM von der Bank →	← ausländische Zahlungsmittel zum *Geldkurs* und *zahlt* DM aus	ausländische Zahlungsmittel zum *Briefkurs* und *erhält* DM →	← ausländische Zahlungsmittel von der Bank und *zahlt* dafür DM an die Bank

Umrechnen von DM-Beträgen in ausländische Sorten

V Kursgleichung: ↑ Kurs (in DM) ≙ 100 ausl. Währungseinheiten ↑
Fragegleichung: Betrag in DM ≙ x ausl. Währungseinheiten

32,84 DM ≙ 100 FF
850,— DM ≙ x FF

$$\text{ausl. Währungseinheiten} = \frac{\text{Betrag in DM} \cdot 100}{\text{Kurs (in DM)}} \qquad \frac{850 \cdot 100}{32{,}84} = \underline{\underline{2\,588{,}31\ \text{FF}}}$$

$$\text{oder} \quad \text{ausl. Währungseinheiten} = \frac{\text{Betrag in DM}}{1\%\ \text{Kurs (in DM)}} \qquad \frac{850}{0{,}3284} = \underline{\underline{2\,588{,}31\ \text{FF}}}$$

Umrechnen ausländischer Sorten in DM-Beträge

V Kursgleichung: ↑ 100 ausl. Währungseinheiten ≙ Kurs (in DM) ↑
Fragegleichung: Betrag in ausl. Währungseinheiten ≙ x DM

100 FF ≙ 32,84 DM
2 588,31 FF ≙ x DM

$$\text{DM} = \frac{\text{Kurs (in DM)} \cdot \text{Betrag in ausl. Währungseinheiten}}{100} \qquad \frac{32{,}84 \cdot 2\,588{,}31}{100} = \underline{\underline{850{,}\text{— DM}}}$$

oder DM = Kurs (in DM) · 1% des Betrags in ausl. Währungseinheiten 32,84 · 25,8831 = <u>850,— DM</u>

Sortenrechnen – Rechnen mit ausländ. Geldsorten (Forts.)

Vergleich der Kurse einer Währung im In- und Ausland

D Beim Umtausch von Sorten ergibt sich häufig die Frage, ob man im Inland oder im Ausland günstiger umtauscht. Es muß verglichen werden:

- beim **Ankauf** der Briefkurs der ausländischen Währung in der Bundesrepublik Deutschland mit dem Geldkurs der DM im Ausland;
- beim **Verkauf** der Geldkurs der ausländischen Währung in der Bundesrepublik Deutschland mit dem Briefkurs der DM im Ausland.

Am sinnvollsten ist der Vergleich mit umgerechneten **Paritätskursen.**

Umrechnen eines Kurses in seinen Paritätskurs

V **Paritätskurs** (für Kurse, die in 100 Währungseinheiten notiert werden) $= \frac{100 \cdot 100}{\text{Kurs}}$

Frankfurt notiert S mit 14,09 DM Brief; Wien notiert DM mit 708,— S Geld.

Paritätskurs in DM $\triangleq \frac{100 \cdot 100}{708} \triangleq \underline{\underline{14{,}12\ \text{DM}}}$

Der Kurs für 100,— DM in Wien von 708,— S entspricht einem Kurs für 100,— S von 14,12 DM.

Paritätskurs in Fremdwährung $\triangleq \frac{100 \cdot 100}{14{,}09} \triangleq \underline{\underline{709{,}72\ \text{S}}}$

Der Kurs für 100 S in Frankfurt entspricht einem Kurs für 100,— DM von 709,72 S.

Entscheidung beim Umtausch (hier von DM in S)

V

Vergleichsbasis	**Briefkurs** in der Bundesrepublik Deutschland	**Geldkurs** in Österreich
Inlandswährung 100,— DM	14,09 DM ≙ 100,— S *Paritätskurs* 100,— DM ≙ 709,72 S ↑	100,— DM ≙ 708,— DM ↑
	↑ ——— vergleichen ——— ↑	
	Der Umtausch in der Bundesrepublik Deutschland ist günstiger, weil man für 100,— DM mehr S als in Österreich erhält.	
Auslandswährung 100,— S	100,— S ≙ 14,09 DM ↑	708,— S ≙ 100,— DM *Paritätskurs* 100,— S ≙ 14,12 DM ↑
	↑ ——— vergleichen ——— ↑	
	Der Umtausch in der Bundesrepublik Deutschland ist günstiger, weil man dort weniger DM als in Österreich bezahlen muß, um 100,— S zu erwerben.	

12 Kettensatzrechnen

D Mit einem **Kettensatz** werden mehrere einfache Schlußrechnungen mit geradem Verhältnis durch mehrere Wertgleichungen „kettenartig" zu einer Rechnung zusammengefaßt.

Aufstellen (Bilden) der Kette

V Die **erste Wertgleichung** enthält die **Frage**; die Einheit der Größe, nach der gefragt wird, steht **links.**
Jede **weitere Wertgleichung** beginnt mit der **Einheit,** mit der die **vorhergehende endete.**
Die **letzte Wertgleichung** weist **rechts** die **Einheit** jener Größe auf, nach deren Zahlenwert in der ersten Wertgleichung links gefragt wird.
Das **Produkt** aus den Größen der **rechten Seite** aller Wertgleichungen wird durch das **Produkt** aus den Größen der **linken Seite dividiert.** Das Produkt der *linken Seite* wird also zum *Nenner,* das Produkt der *rechten Seite* zum *Zähler.*

x DM	≙	1 kg
45,359 kg	≙	100 lbs
1 lb	≙	15,30 US-$
1 US-$	≙	2,50 DM

$$x = \frac{1 \cdot 100 \cdot 15{,}30 \cdot 2{,}50}{45{,}359 \cdot 1 \cdot 1}$$

$$x = 84{,}33 \text{ DM}$$

Vergleich Schlußrechnen – Kettensatzrechnen

Schlußrechnen

Bedingungsgleichung:	1 Meile	≙ 1,6093 km
Fragegleichung:	100 Meilen ≙	x km

Das *Schlußrechnen* beginnt mit der Bedingungsgleichung, es folgt die Fragegleichung. Die gefragte Größe steht rechts. Gleiche Einheiten stehen untereinander.

Kettensatzrechnen

Fragegleichung:	x l	100 km
Anschlußgleichungen	1,6093 km	1 Meile
(Bedingungsgleichungen):	100 Meilen	5 Gallonen
Schlußgleichung:	1 Gallone	3,785 l

Das Kettensatzrechnen beginnt mit der Fragegleichung, es folgen die Anschlußgleichungen (Bedingungsgleichungen). Die gefragte Größe steht links. Die Einheit auf der linken Seite einer Anschlußgleichung entspricht der Einheit auf der rechten Seite der vorhergehenden Gleichung.

13 Verteilungsrechnen

D Eine Größe, der **Verteilungsbetrag,** wird nach einem bestimmten **Verteilungsschlüssel** aufgeteilt. Die Personen, Waren, Kostenstellen usw., denen die ermittelten Teile, die **Verteilungsergebnisse,** zugerechnet werden, bezeichnet man als **Verteilungsträger.**

Ablauf der Verteilung

V Die **Summe der Verteilungsschlüssel** wird errechnet; vom Verteilungsbetrag wird **„ein Teil"** ermittelt:

$$\frac{\text{Verteilungsbetrag}}{\text{Summe der Verteilungsschlüssel}}$$

Die **Verteilungsergebnisse** ergeben sich aus:

„ein Teil" · Verteilungsschlüssel

Kontrolle: Die Summe der Verteilungsergebnisse entspricht dem Verteilungsbetrag.

Verteilungsbetrag: 6 347,69 DM

Verteilungsträger	Verteilungsschlüssel	Ein Teil	Verteilungsergebnisse
A	92 m²	15,989143	1 471,— DM
B	145 m²	15,989143	2 318,43 DM
C	57 m²	15,989143	911,38 DM
D	103 m²	15,989143	1 646,88 DM
	397 m²		6 347,69 DM

$$\text{Ein Teil} = \frac{6\,347{,}69}{397} = 15{,}989143$$

14 Durchschnittsrechnen

D Wenn eine Zahlenreihe durch einen „typischen" Zahlenwert ausgedrückt werden soll, wird ein **Mittelwert** oder **Durchschnitt** gebildet. Dieser Mittelwert kann sein

- ein *einfacher* Durchschnitt D_e (ungewogenes arithmetisches Mittel) oder
- ein *gewogener* Durchschnitt D_g (gewogenes arithmetisches Mittel).

Einfacher Durchschnitt

D Bezeichnet man mit $a_1, a_2, a_3, \ldots a_n$ die einzelnen Posten einer Zahlenreihe und mit n die Anzahl der Posten, so gilt:

Einfacher Durchschnitt $$D_e = \frac{a_1 + a_2 + a_3 + \ldots a_n}{n}$$

V

$$\text{Einfacher Durchschnitt } D_e = \frac{\text{Summe der Posten (Zahlen)}}{\text{Anzahl der Posten (Zahlen)}}$$

$$\text{Einfacher Durchschnittspreis} = \frac{\text{Summe der Einzelpreise}}{\text{Anzahl der Einzelpreise}}$$

Ware 1	6,80 DM
Ware 2	7,10 DM
Ware 3	5,35 DM
	19,25 DM

$19{,}25 : 3 = 6{,}41\overline{6}$

$= \underline{\underline{6{,}42\ \text{DM}}}$

Gewogener Durchschnitt

D Bezeichnet man mit $a, a, a, \ldots$ die einzelnen Posten, mit $g, g, g, \ldots$ die dazugehörigen „Gewichte" (Mengen) einer Zahlenreihe und mit n die Anzahl der Posten und „Gewichte", so gilt:

Gewogener Durchschnitt $$D_g = \frac{a \cdot g + a \cdot g + a \cdot g + \ldots a_n \cdot g_n}{g + g + g + \ldots g_n}$$

V

$$\text{Gewogener Durchschnitt } D_g = \frac{\text{Summe aus (Posten} \cdot \text{„Gewicht")}}{\text{Summe der „Gewichte"}}$$

$$\text{Gewogener Durchschnittspreis} = \frac{\text{Einzelmenge} \cdot \text{Einzelpreis}}{\text{Gesamtmenge}} = \frac{\text{Gesamtpreis}}{\text{Gesamtmenge}}$$

	Einzelmenge	Einzelpreis	Warenpreis
Lieferung 1	520 kg	6,80 DM	3536,— DM
Lieferung 2	345 kg	7,10 DM	2449,50 DM
Lieferung 3	850 kg	5,35 DM	4547,50 DM
Gesamtmenge	1715 kg	Gesamtpreis	10533,— DM

$$\text{Gewogener Durchschnittspreis} = \frac{10533\ \text{DM}}{1715\ \text{kg}} = \underline{\underline{6{,}14\ \text{DM/kg}}}$$

15 Mischungsrechnen

D Bei einem vorgegebenen **Mischungswert** (Mischungspreis) können das **Mischungsverhältnis** der zu mischenden Sorten ermittelt und die erforderlichen **Mischungsmengen** für die zu mischenden Sorten errechnet werden.

Mischungsverhältnisse bei zwei Warensorten

V
- Die **Preisdifferenz** zwischen gegebenem Mischungspreis (Mischungswert) und Sortenpreis wird errechnet.
- Die **Verhältnisse der Preisdifferenzen** zueinander werden durch Kürzen oder Erweitern ermittelt.
- Das **Mischungsverhältnis** ergibt sich durch Überkreuzen (Mischungskreuz), denn der Mischungsgewinn muß dem Mischungsverlust entsprechen.

Sorten	Preise	Preisdifferenzen	Verhältnis der Preisdifferenzen	Mischungsverhältnis
I	4,50 DM/kg	+0,50 DM	1	3
Mischungspreis	5,— DM/kg			
II	6,50 DM/kg	−1,50 DM	3	1

Mischungsgewinn = Mischungsverlust

Sorte I: 3·0,50 DM = Sorte II: 1·1,50 DM

Mischungsverhältnis: Sorte I : Sorte II

3 : 1

Mischungsverhältnisse bei drei und mehr Warensorten

V Es muß stets eine Sorte, deren Preis über dem Mischungswert liegt, mit einer Sorte gemischt werden, deren Preis unter dem Mischungswert liegt, wobei alle Sorten zu berücksichtigen sind.

Mischen von drei Sorten

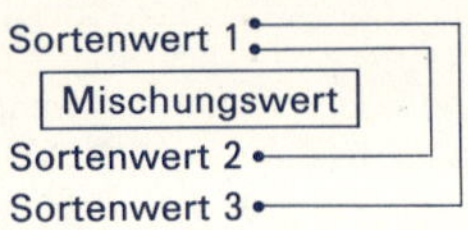

Mischen von vier Sorten

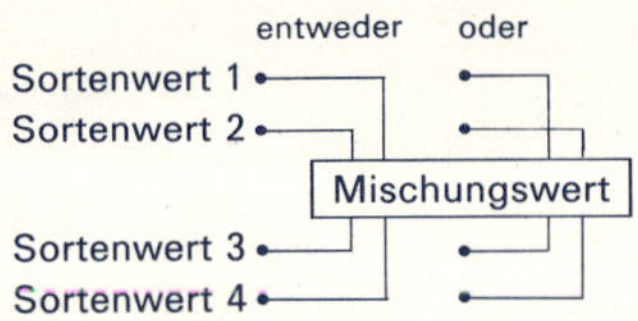

Mischen von fünf Sorten

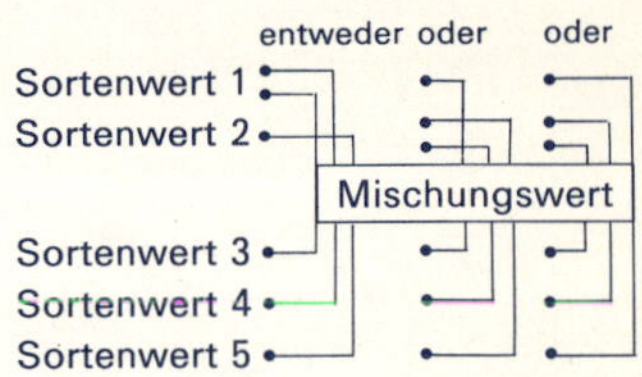

Mischungsmengen

V Das Mischungsverhältnis wird ermittelt. Von der bekannten Menge und seinem Anteil an der Gesamtmenge wird auf die unbekannten Mengen geschlossen.

Sorten	Mengen	Preise	Preisdifferenzen	Verhältnis der Preisdifferenzen	Mischungsverhältnis	
I	?	10,— DM/kg	+8,— DM	8	7 + 2	= 9
Mischungswert	?	18,— DM/kg				
II	40 kg	20,— DM/kg	−2,— DM	2	8	= 8
III	?	25,— DM/kg	−7,— DM	7	8	= 8

$$8 \text{ Teile} = 40 \text{ kg}; \quad 1 \text{ Teil} = \frac{40 \text{ kg}}{8} = 5 \text{ kg}$$

Mischungsmengen im Verhältnis 9:8:8 gemischt:

Sorte I = (9·5 kg) = 45 kg; Sorte II = (8·5 kg) = 40 kg; Sorte III = (8·5 kg) = 40 kg

Mit Hilfe einer *Durchschnittsrechnung* kann jeweils das Ergebnis einer Mischungsrechnung **kontrolliert** werden.

16 Prozentrechnen

D **Prozent** (von lat. pro centum) bedeutet „vom Hundert". Prozentrechnen dient dazu, durch die gemeinsame Bezugszahl „100" Zahlenwerte besser vergleichbar zu machen.

Bezeichnung	Zeichen	Bezeichnung	Zeichen	
Prozentsatz	$p\%$; $\frac{p}{100}$	reiner Grundwert	G	$G \mathrel{\widehat{=}} 100\,\%$
Prozentzahl (Prozentsatzzahl)	p	vermehrter Grundwert	$G^+ = G + Pw$	$G^+ > 100\,\%$
Prozentwert	P_W	verminderter Grundwert	$G^- = G - Pw$	$G^- < 100\,\%$

T3

Prozentrechnen vom Hundert (vom reinen Grundwert)

D Der **Wert**, von dem die Rechnung ausgeht, ist **gleich 100%**

V

Prozentwert	Prozentsatz	Reiner Grundwert
$P_W = G \cdot \frac{p}{100}$	$p\% = \frac{P_W \cdot 100}{G}$	$G = \frac{P_W \cdot 100}{p\%}$
3% von 200,— DM = 6,— DM	6,— DM von 200,— DM = 3%	3% = 6,— DM von 200,— DM
Prozentsatz – reiner Grundwert – Prozentwert	Prozentwert – reiner Grundwert – Prozentsatz	Prozentsatz – Prozentwert – reiner Grundwert

Prozentwert und vermehrter Grundwert (G^+)

V

$$P_W = G \cdot \frac{p}{100};\quad G^+ = G + P_W$$

oder

$$G^+ = G + \left(G \cdot \frac{p}{100}\right)$$

Nettopreis	200,— DM	≙	reinem Grundwert	≙ 100%
+ 14% Umsatzsteuer	28,— DM	≙	+ Prozentwert	≙ 14%
Bruttopreis	228,— DM	≙	vermehrtem Grundwert (G^+)	≙ 114%

Prozentwert und verminderter Grundwert (G^-)

V

$$P_W = G \cdot \frac{p}{100};\quad G^- = G - P_W$$

oder

$$G^- = G - \left(G \cdot \frac{p}{100}\right)$$

Zieleinkaufspreis	600,— DM	≙	reinem Grundwert	≙ 100%
− 3% Skonto	18,— DM	≙	− Prozentwert	≙ 3%
Bareinkaufspreis	582,— DM	≙	vermindertem Grundwert (G^-)	≙ 97%

Prozentrechnen auf Hundert (vom vermehrten Grundwert)

D Der **Wert**, vom dem die Rechnung ausgeht, ist > **als 100%** (vermehrter Grundwert, G^+)

Erst G, dann P_W errechnen, aber auch erst P_W, dann G errechnen

V **Erste Möglichkeit**

Erst: $G = \frac{G^+ \cdot 100}{100 + p}$ $\qquad G = \frac{273{,}60\text{ DM} \cdot 100}{100 + 14} = \underline{\underline{240{,}\text{— DM}}}$

dann:

$P_W = G \cdot \frac{p}{100}$ $\qquad P_W = 240{,}\text{— DM} \cdot \frac{14}{100} = 33{,}60\text{ DM}$

oder

$P_W = G^+ - G$ $\qquad P_W = 273{,}60\text{ DM} - 240{,}\text{— DM} = \underline{\underline{33{,}60\text{ DM}}}$

Prozentrechnen (Fortsetzung)

Zweite Möglichkeit

Erst: $P_W = \frac{G^+ \cdot p}{100 + p}$ $P_W = \frac{273{,}60\text{ DM} \cdot 14}{100 + 14} = \underline{\underline{33{,}60\text{ DM}}}$

dann:

$G = G^+ - P_W$ $G = 273{,}60\text{ DM} - 33{,}60\text{ DM} = 240{,}\text{— DM}$

oder

$G = \frac{P_W \cdot 100}{p}$ $G = \frac{33{,}60\text{ DM} \cdot 100}{14} = \underline{\underline{240{,}\text{— DM}}}$

Herausrechnen der Umsatzsteuer aus dem Bruttobetrag:

Bruttobetrag (Preis einschließl. USt)	273,60 DM
– 14% Umsatzsteuer	33,60 DM
Nettobetrag (Preis nach Abzug der USt)	240,— DM

Prozentrechnen im Hundert (vom verminderten Grundwert)

D Der **Wert**, von dem die Rechnung ausgeht, ist < **als 100%** (verminderter Grundwert, G^-).

Erst G, dann P_W errechnen, aber auch erst P_W, dann G errechnen

V **Erste Möglichkeit**

Erst: $G = \frac{G^- \cdot 100}{100 - p}$ $G = \frac{342{,}40\text{ DM} \cdot 100}{100 - 20} = \underline{\underline{428{,}\text{— DM}}}$

dann:

$P_W = G \cdot \frac{p}{100}$ $P_W = 428{,}\text{— DM} \cdot \frac{20}{100} = 85{,}60\text{ DM}$

oder

$P_W = G - G^-$ $P_W = 428{,}\text{— DM} - 342{,}40\text{ DM} = \underline{\underline{85{,}60\text{ DM}}}$

Zweite Möglichkeit

Erst: $P_W = \frac{G^- \cdot p}{100 - p}$ $P_W = \frac{342{,}40\text{ DM} \cdot 20}{100 - 20} = \underline{\underline{85{,}60\text{ DM}}}$

dann:

$G = G^- + P_W$ $G = 342{,}40\text{ DM} + 85{,}60\text{ DM} = 428{,}\text{— DM}$

oder

$G = \frac{P_W \cdot 100}{p}$ $G = \frac{85{,}60\text{ DM} \cdot 100}{20} = \underline{\underline{428{,}\text{— DM}}}$

Berechnen des Rechnungsbetrages vor Rabattabzug:

Rechnungspreis	428,— DM
– 20% Rabatt	85,60 DM
Rabattierter Rechnungspreis	342,40 DM

Promillerechnen

D **Promille** (von lat. pro mille) bedeutet „vom Tausend". Die Bezugszahl ist 1000.

V Sind Prozentsätze kleiner als 1, d. h. Dezimalbrüche, ist es sinnvoll, das Promillerechnen anzuwenden. Bei diesem entsprechen die Promillesätze stets dem Zehnfachen der Prozentsätze.
0,25% ≙ 2,5‰; 1,57‰ ≙ 0,157%
Alle Verfahren des Promillerechnens entsprechen denen des Prozentrechnens mit der Konstanten 1000.

17 Handelskalkulation

D Die *Handelskalkulation* (Kostenträgerstückrechnung im Handel) ist ein Rechenverfahren, mit dem der Preis für eine Handelsware je Einheit ermittelt wird. Mit der *Bezugskalkulation* (Einkaufs- oder Einstandskalkulation) wird der Bezugs- oder Einstandspreis, mit der *internen Kalkulation* der Barverkaufspreis und mit der *Verkaufs- oder Absatzkalkulation* der Listenverkaufspreis errechnet.

Kalkulationsarten im Handel

- nach dem **Zweck:**
  - *vorwärtsschreitende (progressive) Kalkulation:* vom Listeneinkaufspreis zum Listenverkaufspreis,
  - *rückwärtsschreitende (retrograde) Kalkulation:* vom Listenverkaufspreis zum Listeneinkaufspreis,
  - *Differenzkalkulation oder Gewinn- bzw. Kostenkalkulation:* vom Listeneinkaufspreis und vom Listenverkaufspreis entweder zu den Kosten oder zum Gewinn;
- nach dem **Verfahren:**
  - *schrittweises Kalkulieren:* nacheinander werden die einzelnen Preise mit ihren Zu- und Abschlägen ermittelt,
  - *zusammengefaßtes (verkürztes) Kalkulieren:* langfristig gleichbleibende Kalkulationsprozentsätze werden zu einem Prozentsatz (Kalkulationszuschlag, Handelsspanne) oder zu einem Faktor (Kalkulationsfaktor, Rabattfaktor) zusammengefaßt;
- nach dem **Zeitpunkt:**
  - *Vorkalkulation:* Kalkulation vor dem Verkauf (Angebotskalkulation),
  - *Nachkalkulation:* Kalkulation nach dem Verkauf.

Ermitteln des Listenverkaufspreises (vorwärtsschreitende, progressive Kalkulation)

V Bruttomenge (in kg, m, *l*, Stück)
– Mengenabzüge (Tara, Gutgewicht, Leckage, Fusti)
= Nettomenge
Nettomenge · Listeneinkaufspreis je Einheit (ohne Umsatzsteuer)
= **Listeneinkaufspreis (netto)**

Handelskalkulationsschema (mit angenommenen Prozentsätzen)

V	Bezeichnung	Zeichen	DM	Prozentsätze						progress. Kalkul.
Bezugskalkulation	Listeneinkaufspreis, netto	LEPn	195,— DM	100%						↓
	– Einkaufsrabatt 20%	– ER	39,— DM	20%						
	Zieleinkaufspreis	ZEP	156,— DM	80%	100%					
	– Einkaufsskonto 2%	– ES	3,12 DM		2%					
	Bareinkaufspreis	BEP	152,88 DM		98%					
	+ Bezugskosten (in DM)	+ BK	5,12 DM							
interne Kalkulation	Bezugspreis (Einstandspreis)	BZP	158,— DM		100%					
	+ Handelskosten 25% (Geschäftskosten)	+ HK	39,50 DM		25%					
	Selbstkostenpreis	SKP	197,50 DM		125%	100%				
	+ Gewinn 12%	+ GEW	23,70 DM			12%				
Absatzkalkulation	Barverkaufspreis	BVP	221,20 DM			112%	98%			
	+ Verkaufsskonto 2%	+ VS	4,51 DM				2%			
	Zielverkaufspreis	ZVP	225,71 DM				100%	94%		
	+ Verkaufsrabatt 6%	+ VR	14,41 DM					6%		
	Listenverkaufspreis, netto	LVPn	240,12 DM					100%	100%	
	+ Umsatzsteuer (MwSt.) 14%	+ USt	33,62 DM						14%	
	Listenverkaufspreis, brutto	LVPb	273,74 DM						114%	?

Handelskalkulation (Fortsetzung)

Verteilen der Gesamtbezugskosten

D Bei Lieferungen unterschiedlicher Warenarten (gemischte Warensendung) sind die **Gesamtbezugskosten**, unterteilt in Gewichts- und Wertspesen, auf die einzelnen Warenarten mit Hilfe der Verteilungsrechnung **aufzuteilen** (zusammengesetzte Bezugskalkulation).

Verteilung der Gewichts- und Wertspesen

V
- **Gewichtsspesen** sind: Frachtkosten, Verladekosten, Wiegekosten, Rollgeld. Sie sind im Verhältnis zu der *Menge* (kg, *l*, m^2) jeder Warenart zuzurechnen.
- **Wertspesen** sind: Frachtversicherung, Provision, Zoll. Sie sind im Verhältnis zum *Warenwert* jeder Warenart zuzurechnen.

Zu verteilen sind: 191,78 DM Frachtkosten und 52,64 DM Frachtversicherung

Ware	Preis pro Einheit in DM	Warenwert in DM	Bruttogewicht in kg	Gewichtsspesen in DM	Wertspesen in DM	Bezugskosten in DM
1	6,—	3000,—	815	118,05	24,—	142,05
2	28,—	1680,—	72	10,43	13,44	23,87
3	3,50	1400,—	415	60,11	11,20	71,31
4	25,—	500,—	22	3,19	4,—	7,19
Summe		6580,—	1324	191,78	52,64	244,42

$$\text{Gewichtsspesen für 1 kg} = \frac{191{,}78\ \text{DM}}{1\,324\ \text{kg}} = 0{,}1448489\ \text{DM/kg}$$

$$\text{Wertspesen für 1 DM} = \frac{52{,}64\ \text{DM}}{6\,580,\!-\ \text{DM}} = 0{,}008\ \text{DM}$$

Berechnen des Handelskostenzuschlagssatzes

D **Handelskosten** sind Geschäftskosten, wie Personalkosten, Raumkosten, Steuern, Werbekosten u. a.; sie sind *Gemeinkosten im Handelsbetrieb,* die einer bestimmten Warenart direkt zugerechnet werden können. Sie werden daher prozentual durch einen **Handelskostenzuschlagssatz (HKZ%)** berücksichtigt. Dieser drückt die Handelskosten einer bestimmten Abrechnungsperiode in Prozent der Einstandspreise der verkauften Ware der gleichen Abrechnungsperiode aus. Die Handelskosten und die verkauften Waren zu Einstandspreisen sind aus dem Gewinn- und Verlustkonto ersichtlich.

V

$$\text{HKZ\%} = \frac{\text{Handelskosten der Abrechnungsperiode} \cdot 100}{\text{verkaufte Waren der Abrechnungsperiode zu Einst'pr.}}$$

$$\text{HKZ\%} = \frac{2\,570\,320 \cdot 100}{9\,050\,423} = \underline{\underline{28{,}4}}$$

Kalkulationszuschlag und Handelsspanne (zusammengefaßtes, verkürztes Kalkulieren)

D Der **Kalkulationszuschlag** in Prozent (KZ%) faßt alle prozentualen Zuschläge, die schrittweise auf den Bezugspreis aufgeschlagen werden, in einem Prozentsatz zusammen. Er entspricht somit dem Differenzbetrag zwischen Bezugspreis und Verkaufspreis, ausgedrückt *in Prozent des Bezugspreises;* d.h., der *Bezugspreis* ist dabei 100%.

V

$$\text{KZ\%} = \frac{\text{Summe der Zuschläge in DM} \cdot 100\%}{\text{Bezugskosten in DM}}$$

$$\text{KZ\%} = \frac{120,\!-\ \text{DM} \cdot 100\%}{240,\!-\ \text{DM}} = \underline{\underline{50\%}};$$

Bezugspreis	240,— DM	100%
+ Kalkulationszuschl. 50%	120,— DM	50%
Verkaufspreis	360,— DM	150% ↓

D Die **Handelsspanne** in Prozent (HS%) faßt alle prozentualen Zuschläge, die schrittweise auf den Bezugspreis aufgeschlagen werden, in einem Prozentsatz zusammen. Sie entspricht somit ebenfalls dem Differenzbetrag zwischen Verkaufspreis und Bezugspreis, wird aber im Gegensatz zum Kalkulationszuschlag *in Prozent des Verkaufspreises* ausgedrückt; d.h., der *Verkaufspreis* ist dabei 100%.

T4

Handelskalkulation (Fortsetzung)

V $$\text{HS\%} = \frac{\text{Summe der Abschläge in DM} \cdot 100\%}{\text{Verkaufspreis in DM}}$$

$$\text{HS\%} = \frac{120,\text{— DM} \cdot 100\%}{360,\text{— DM}} = \underline{\underline{33,33\%}};$$

Bezugspreis	240,— DM	$66\frac{2}{3}\%$ ↑
– Handelsspanne $33\frac{1}{3}\%$	120,— DM	$33\frac{1}{3}\%$
Verkaufspreis	360,— DM	100%

Bei gegebenem KZ% ist der **Verkaufspreis** stets ein **vermehrter Grundwert.** Ist der KZ% ein Prozentsatz mit einem „bequemen Teiler*" vom reinen Grundwert, so entspricht die HS% einem „bequemen Teiler" vom vermehrten Grundwert.

Bezugspreis	100,— DM	100%
+ KZ 25%	25,— DM	25%
Verkaufspreis	125,— DM	125%

25% von 100% Bezugspreis $\hat{=} \frac{1}{4}$ des Bezugspreises.
25% von 125% Verkaufspreis $\hat{=} \frac{1}{5}$ des Verkaufspreises.

Bei gegebener HS% ist der **Bezugspreis** ein **verminderter Grundwert.** Ist die HS% ein Prozentsatz mit einem „bequemen Teiler" vom reinen Grundwert, so entspricht der KZ% einem „bequemen Teiler" vom verminderten Grundwert.

Bezugspreis	66,67 DM	$66\frac{2}{3}\%$
+ HS $33\frac{1}{3}\%$	33,33 DM	$33\frac{1}{3}\%$
Verkaufspreis	100,— DM	100%

$33\frac{1}{3}\%$ von $66\frac{2}{3}\%$ Bezugspreis $\hat{=} \frac{1}{2}$ des Bezugspreises.
$33\frac{1}{3}$ von 100% Verkaufspreis $\hat{=} \frac{1}{3}$ des Verkaufspreises.

Umrechnen von KZ% in HS% und umgekehrt

V $$\text{KZ\%} = \frac{100 \cdot \text{HS}}{100 - \text{HS}} = \frac{100 \cdot 25}{100 - 25} = \underline{\underline{33\tfrac{1}{3}\%}} \qquad \text{HS\%} = \frac{100 \cdot \text{KZ}}{100 + \text{KZ}} = \frac{100 \cdot 33\frac{1}{3}}{100 + 33\frac{1}{3}} = \underline{\underline{25\%}}$$

Kalkulationsfaktor und Rabattfaktor (zusammengefaßtes, verkürztes Kalkulieren)

D Der **Kalkulationsfaktor** ist die Zahl, mit der der *Bezugspreis* multipliziert werden muß, um den Verkaufspreis *unmittelbar* zu errechnen. Beim Rechnen mit Kalkulationsfaktoren werden sämtliche Kalkulationsbestandteile zwischen Bezugs- und Verkaufspreis (Zuschläge) berücksichtigt, die sonst schrittweise ermittelt werden.

V $$\text{Kalkulationsfaktor (KF)} = \frac{\text{Verkaufspreis}}{\text{Bezugspreis}}$$

$$\text{Verkaufspreis (VP)} = \text{Bezugspreis} \cdot \text{Kalkulationsfaktor}$$

$$\text{KF} = \frac{187,72\ \text{DM}}{123,5\ \text{DM}} = \underline{\underline{1,52}}$$

$$\text{VP} = 123,5\ \text{DM} \cdot 1,52 = \underline{\underline{187,72\ \text{DM}}}$$

D Der **Rabattfaktor** ist die Zahl, mit der der *Verkaufspreis* multipliziert werden muß, um den Bezugspreis *unmittelbar* zu errechnen. Beim Rechnen mit Rabattfaktoren werden sämtliche Kalkulationsbestandteile zwischen Verkaufspreis und Bezugspreis (Abschläge) berücksichtigt, die sonst schrittweise ermittelt werden.

V $$\text{Rabattfaktor (RF)} = \frac{\text{Bezugspreis}}{\text{Verkaufspreis}}$$

$$\text{Bezugspreis (BP)} = \text{Verkaufspreis} \cdot \text{Rabattfaktor}$$

$$\text{RF} = \frac{265,50\ \text{DM}}{354\ \text{DM}} = \underline{\underline{0,75}}$$

$$\text{BP} = 354,\text{— DM} \cdot 0,75 = \underline{\underline{265,50\ \text{DM}}}$$

Umrechnen des Kalkulationsfaktors in einen Kalkulationszuschlag und umgekehrt

V $$\text{Kalkulationsfaktor (KF)} = \frac{\text{Kalkulationszuschlag}}{100} + 1$$

$$\text{Kalkulationszuschlag (KZ\%)} = 100\ (\text{Kalkulationsfaktor} - 1)$$

$$\text{KF} = \frac{25}{100} + 1 = \underline{\underline{1,25}}$$

$$\text{KZ\%} = 100\ (1,25 - 1) = \underline{\underline{25}}$$

Umrechnen des Rabattfaktors in eine Handelsspanne und umgekehrt

V $$\text{Rabattfaktor (RF)} = 1 - \frac{\text{Handelsspanne}}{100}$$

$$\text{Handelsspanne (HS\%)} = 100\ (1 - \text{Rabattfaktor})$$

$$\text{RF} = 1 - \frac{30}{100} = \underline{\underline{0,7}}$$

$$\text{HS\%} = 100\ (1 - 0,7) = \underline{\underline{30}}$$

* *Bequemer Teiler* bedeutet, daß ein Prozentsatz durch 100 ohne Rest teilbar ist (Bequeme Prozentsätze, vgl. T3).

Handelskalkulation (Fortsetzung)

Ermitteln des Listeneinkaufspreises (rückwärtsschreitende, retrograde Kalkulation) sowie Ermitteln der Handelskosten bzw. des Gewinnes (Differenzkalkulation)

Handelskalkulationsschema (mit angenommenen Prozentsätzen)

V	Bezeichnung	Zeichen	DM	Prozentsätze			retrogr. Kalkul.	Differenzkalkulation
Bezugskalkulation (interne Kalkulation)	Listeneinkaufspreis, netto	LEPn	195,— DM	100%			?	
	– Einkaufsrabatt 20%	– ER	39,— DM	20%				
	Zieleinkaufspreis	ZEP	156,— DM	80%	100%			
	– Einkaufsskonto 2%	– ES	3,12 DM		2%			
	Bareinkaufspreis	BEP	152,88 DM		98%			
	+ Bezugskosten (in DM)	+ BK	5,12 DM					
	Bezugspreis (Einstandspreis)	BZP	158,— DM	100%				
	+ Handelskosten 25% (Geschäftskosten)	+ HK	39,50 DM	25%				?
	Selbstkostenpreis	SKP	197,50 DM	125%	100%			
	+ Gewinn 12%	+ GEW	23,70 DM		12%			?
Absatzkalkulation (interne Kalkulation)	Barverkaufspreis	BVP	221,20 DM		112%	98%		
	+ Verkaufsskonto 2%	+ VS	4,51 DM			2%		
	Zielverkaufspreis	ZVP	225,71 DM		94%	100%		
	+ Verkaufsrabatt 6%	+ VR	14,41 DM		6%			
	Listenverkaufspreis, netto	LVPn	240,12 DM	100%	100%			
	+ Umsatzsteuer (MwSt.) 14%	+ USt	33,62 DM	14%				
	Listenverkaufspreis, brutto	LVPb	273,74 DM	114%				

Ermitteln des Naturalrabattes (Dreingabe, Draufgabe)

D **Naturalrabatt** ist ein Mengennachlaß, bei dem ein Teil der gelieferten Ware nicht berechnet wird. Er ist *kein Kalkulationsbestandteil.*

- Bei der *Dreingabe* wird die bestellte Warenmenge geliefert, eine bestimmte Menge davon jedoch nicht berechnet.
- Bei der *Draufgabe* wird zusätzlich zur bestellten Warenmenge eine bestimmte Menge unberechnet mitgeliefert.

Umrechnen von Naturalrabatt in Prozentrabatt

V *Dreingabe:* bestellt und geliefert werden 20 Bücher, berechnet werden jedoch nur 18 Stück.

20 St. ≙ 100%
2 St. ≙ x %

$$x = \frac{100\% \cdot 2}{20} = \underline{\underline{10\%}}$$

Draufgabe: bestellt, geliefert und berechnet werden 20 Bücher, zusätzlich werden 2 Stück unberechnet mitgeliefert.

22 St. ≙ 100%
2 St. ≙ x %

$$x = \frac{100\% \cdot 2}{22} = \underline{\underline{9\tfrac{1}{11}\%}}$$

Beim Umrechnen ist *die tatsächlich gelieferte Warenmenge stets gleich 100%* zu setzen!

18 Industriekalkulation - Kostenrechnung

D Die **Industriekalkulation** (Kostenträgerstückrechnung in der Industrie) ist ein Rechenverfahren, mit dem der Preis für ein hergestelltes Erzeugnis je Einheit ermittelt wird. Es gibt unterschiedliche Verfahren, um die **Kosten** den hergestellten Erzeugnissen (Kostenträgern) zuzurechnen: die Zuschlagskalkulation, die Divisionskalkulation, die Äquivalenzziffernkalkulation, die Deckungsbeitragsrechnung.

Kosten sind der in Geld ausgedrückte Güter- und Dienstleistungsverzehr (Werteverzehr) für die Erstellung betrieblicher Leistungen.

- **Kostenarten** sind die nach der Art des Verzehrs benannten Kosten (z. B. Materialkosten, Lohnkosten, Telefonkosten). Durch die *Kostenartenrechnung (KAR)* werden die Kosten errechnet, systematisch erfaßt und nach Arten oder Gruppen geordnet. Ziel der KAR ist festzustellen, *welche* Kostenarten entstanden sind und in *welcher Höhe* sie entstanden sind. Die Kostenartenrechnung ist die Grundlage für die gesamte Kostenrechnung.
- **Kostenstellen** sind die Abteilungen oder Betriebsstätten, in denen die Kosten entstehen (z. B. Dreherei, Datenverarbeitung, Versand). Durch die *Kostenstellenrechnung (KStR)* werden die Gemeinkostenarten auf die Kostenstellen nach dem Verursachungsprinzip verteilt. Ziel der KStR ist festzustellen, *wo* (in welchen Abteilungen oder Betriebsstätten des Betriebes) die Kosten entstanden sind. Die KStR dient der Kontrolle der Kostenstellenkosten und sind die Grundlage für die Berechnung der Gemeinkostenzuschlagssätze. Die Kostenstellenrechnung wird im *Betriebsabrechnungsbogen (BAB)* vollzogen.
- **Kostenträger** sind die Leistungseinheiten eines Betriebes (z. B. Fertigerzeugnisse, un(halb)fertige Erzeugnisse, innerbetriebliche Leistungen), denen die Kostenarten zugerechnet werden. Durch die *Kostenträgerrechnung (KTR)* oder Kalkulation werden die Kosten für eine Leistungseinheit ermittelt. Ihr Ziel ist festzustellen, *welche Leistungseinheit* (welches Erzeugnis) die Kosten trägt. Sie ist die Grundlage für die Ermittlung der Angebotspreise.

Kalkulationsarten in der Industrie

- nach dem **Zweck:**
  - *Absatzkalkulation:* Kalkulation für den Absatz bestimmter Leistungen,
  - *Kalkulation innerbetrieblicher Leistungen,* z. B. für selbsterstellte Anlagen oder Werkzeuge;
- nach dem **Verfahren:**
  - *Zuschlagskalkulation,*
  - *Divisionskalkulation,*
  - *Deckungsbeitragsrechnung;*
- nach dem **Zeitpunkt:**
  - *Vorkalkulation:* Kalkulation mit Plan(Soll-)zahlen *vor* der Produktion,
  - *Zwischenkalkulation:* Kalkulation mit Istzahlen oder Planzahlen *während* der Produktion,
  - *Nachkalkulation:* Kalkulation mit Istzahlen *nach* der Produktion.

Zuschlagskalkulationen zur Ermittlung der Selbstkosten

D Die industrielle Zuschlagskalkulation ist ein Kalkulationsverfahren, bei dem die gesamten Kosten in Einzel- und Gemeinkosten getrennt werden. Dabei werden die

- **Einzelkosten,** z. B. Materialkosten, Akkordlohnkosten, Verkaufsprovision, dem Kostenträger **direkt zugerechnet,**
- **Gemeinkosten,** z. B. Raummieten, Gehälter, Werbekosten, Betriebssteuern, dem Kostenträger **indirekt zugerechnet;** dies geschieht mit Hilfe von *Gemeinkostenzuschlagssätzen (GKZ%),* die auf die Einzelkosten bezogen sind. Die Gemeinkostenzuschlagssätze werden dem *Betriebsabrechnungsbogen (BAB)* entnommen.

Zuschlagskalkulation mit summarischem Gemeinkostenzuschlagssatz

D Die industrielle Zuschlagskalkulation mit einem summarischen Gemeinkostenzuschlagssatz ist ein Kalkulationsverfahren, bei dem für alle Gemeinkosten ein *einziger „summarischer" Gemeinkostenzuschlagssatz (sGKZ%)* errechnet wird. Als Zuschlagsbasis wird diejenige Einzelkostenart gewählt, von der die Summe der Gemeinkosten überwiegend abhängig ist.

Industriekalkulation - Kostenrechnung (Fortsetzung)

Berechnen des summarischen Gemeinkostenzuschlagssatzes

V				
mögliche Zuschlagsbasen	Materialeinzelkosten (MEK)	oder Fertigungslöhne (FL)	oder	Materialeinzelkosten (MEK) + Fertigungslöhne (FL)
summarischer Gemeinkostenzuschlagssatz	$sGKZ\% = \frac{\text{Summe GK} \cdot 100\%}{\text{MEK}}$	$sGKZ\% = \frac{\text{Summe GK} \cdot 100\%}{\text{FL}}$		$sGKZ\% = \frac{\text{Summe GK} \cdot 100\%}{\text{MEK} + \text{FL}}$

Die Zuschlagsbasis steht stets im Nenner.

Summe der Gemeinkosten: 280000,— DM
Materialeinzelkosten: 120000,— DM
Fertigungslöhne: 80000,— DM

$$sGKZ\% = \frac{280000,\text{— DM} \cdot 100\%}{120000,\text{— DM} + 80000,\text{— DM}} = \underline{\underline{140}}$$

Kalkulation eines Kostenträgers (Stücks):

Materialeinzelkosten	320,— DM
+ Fertigungslöhne	580,— DM
Einzelkosten insgesamt	900,— DM
+ sGKZ 140%	1260,— DM
Selbstkosten (SK)	2160,— DM

Betriebsabrechnungsbogen (BAB)

D Der Betriebsabrechnungsbogen (BAB) ist ein organisatorisches Hilfsmittel für die Kostenrechnung. Im BAB werden die Gemeinkosten nach dem Verursachungsprinzip auf die einzelnen Kostenstellen verteilt (umgelegt). Dadurch können die Kosten, die jede Kostenstelle verursacht hat (Kostenstellenkosten), ermittelt und mehrere verschiedenartige (differenzierte) Gemeinkostenzuschlagssätze in Prozent (GKZ%) errechnet werden.

Arten von Betriebsabrechnungsbögen (BAB)

- Der **einstufige BAB** enthält nur Hauptkostenstellen.
  - Der *einfache* einstufige BAB enthält nur vier Hauptkostenstellen: Material-, Fertigungs-, Verwaltungs- und Vertriebsstellen;
  - beim *erweiterten* einstufigen BAB werden die Hauptkostenstellen zusätzlich unterteilt;
    die Materialstelle z. B. in Rohstofflager, Hilfsstofflager, Betriebsstofflager;
    die Fertigungsstelle z. B. in Dreherei, Fräserei, Galvanik, Zurichterei, Montage;
    die Verwaltungsstelle z. B. in Geschäftsführung, Buchhaltung, Kalkulation, Personal;
    die Vertriebsstelle z. B. in Verkauf-Inland, Verkauf-Ausland, Versand.
- Der **mehrstufige BAB** enthält über die Hauptkostenstellen hinaus noch
  - *allgemeine Kostenstellen,* z. B. Kantine, Telefonzentrale, Heizkraftwerk, Gebäudeverwaltung; sie geben Leistungen an alle übrigen Kostenstellen des Betriebes ab;
  - *Hilfs-(Neben-)kostenstellen*
    im Materialstellenbereich, z. B. Warenannahme, Lagerbuchhaltung, Materialprüfung;
    im Fertigungsstellenbereich, z. B. Arbeitsvorbereitung, Werkzeugmacherei;
    im Verwaltungsstellenbereich, z. B. Registratur, Schreibbüro;
    im Vertriebsstellenbereich, z. B. Marktforschung, zentrale Werbung;
    sie geben Leistungen an die Hauptkostenstellen des jeweiligen Kostenstellenbereichs ab.

Für jede Hauptkostenstelle wird ein Gemeinkostenzuschlagssatz ermittelt.

Zuschlagskalkulation mit einstufigem BAB

D Im **einstufigen BAB** werden alle Gemeinkostenarten unmittelbar *nur auf die Hauptkostenstellen* Material, Fertigung, Verwaltung und Vertrieb verteilt (umgelegt). Die Material*gemein*kosten (MGK) werden auf die Material*einzel*kosten, die Fertigungs*gemein*kosten (FGK) auf die Fertigungs*löhne* (FL), die Verwaltungs- und Vertriebs*gemeinkosten* (VwGK, VtGK) jeweils auf die *Herstellkosten* bezogen. Auf diese Weise werden **mehrere verschiedenartige (differenzierte) Gemeinkostenzuschlagssätze** ermittelt, die dem Kostenverursachungsprinzip näher kommen als der summarische Gemeinkostenzuschlagssatz.

Industriekalkulation – Kostenrechnung (Fortsetzung)

Berechnen differenzierter Gemeinkostenzuschlagssätze

V erforderliche Zuschlagsbasen	Materialeinzelkosten (MEK) *und*	Fertigungslöhne (FL) *und*	Herstellkosten (HK)	
Gemeinkostenzuschlagssätze	$MGKZ\% = \frac{MGK \cdot 100\%}{MEK}$	$FGKZ\% = \frac{FGK \cdot 100\%}{FL}$	$VwGK\% = \frac{VwGK \cdot 100\%}{HK}$	$VtGK\% = \frac{VtGK \cdot 100\%}{HK}$
	Die Zuschlagsbasis steht stets im Nenner.			

Einstufiger Betriebsabrechnungsbogen

V Gemeinkostenarten / Kostenstellen	Gemeinkosten in DM	Hauptkostenstellen			
		Material	Fertigung	Verwaltung	Vertrieb
Energie, Brenn- und Treibstoffe	88 000	8 000	50 000	12 000	18 000
Löhne und Gehälter	520 000	20 000	210 000	105 000	185 000
Abschreibungen	285 000	12 000	180 000	51 000	42 000
Fremdleistungen	165 000	30 000	60 000	40 000	35 000
Kosten für Mat. u. Kommunik.	224 000	10 000	100 000	50 000	64 000
Gemeinkosten der Hauptkostenstellen	1 282 000	80 000 (MGK)	600 000 (FGK)	258 000 (VwGK)	344 000 (VtGK)
Zuschlagsgrundlagen 1. Materialeinzelkosten (MEK)		800 000			
2. Fertigungslöhne (FL)			240 000		
3. Herstellk. d. Abrechnztr. (HKdAZ)*				1 720 000	1 720 000
differenzierte Gemeinkostenzuschlagssätze (GKZ %)		MGKZ % = 10	FGKZ % = 250	VwGKZ % = 15	VtGKZ % = 20

Ermittlung der Herstellkosten des Abrechnungszeitraumes

V		
Materialeinzelkosten (MEK)	800 000,— DM	
+ Materialgemeinkosten (MGK)	80 000,— DM	880 000,— DM
Fertigungslöhne (FL)	240 000,— DM	
+ Fertigungsgemeinkosten (FGK)	600 000,— DM	840 000,— DM
Herstellk. d. Abrechnztr. (HKdAZ)		1 720 000,— DM

Kalkulation eines Kostenträgers (Erzeugnisses)

V			
Materialeinzelkosten (MEK)	20,— DM		
+ MGKZ 10 %	2,— DM		
Materialkosten (MK)		22,— DM	
Fertigungslöhne (FL)	80,— DM		
+ FGKZ 250 %	200,— DM		
Fertigungskosten (FK)		280,— DM	
Herstellkosten (HK)			302,— DM
+ VwGKZ 15 %			45,30 DM
+ VtGKZ 20 %			60,40 DM
Selbstkosten (SK)			407,70 DM

Arbeitsschritte für die industrielle Zuschlagskalkulation mit einstufigem BAB

V
① Umlegen aller Gemeinkosten auf die Kostenstellen nach dem Verursachungsprinzip.
② Addieren aller Kosten jeder Hauptkostenstelle.
③ Berechnen der Herstellkosten des Abrechnungszeitraumes.
④ Ermitteln der Gemeinkostenzuschlagssätze.
⑤ Kalkulieren der Kostenträger mit den errechneten Gemeinkostenzuschlagssätzen.

* Bei den Herstellkosten des Abrechnungszeitraumes sind noch keine Bestandsveränderungen der fertigen und unfertigen Erzeugnisse berücksichtigt (vgl. dagegen Herstellkosten des Umsatzes auf S. 40).

Industriekalkulation – Kostenrechnung (Fortsetzung)

Zuschlagskalkulation mit mehrstufigem BAB

D Im *mehrstufigen BAB* werden alle Gemeinkostenarten auf die *Allgemeinen Kostenstellen, Hilfskostenstellen* und *Hauptkostenstellen* verteilt (umgelegt).

- In der **ersten Stufe** der Verrechnung innerbetrieblicher Leistungen werden die Kosten der Allgemeinen Kostenstellen auf alle übrigen Hilfs- und Hauptkostenstellen umgelegt.
- In der **zweiten Stufe** der Verrechnung innerbetrieblicher Leistungen werden die Kosten der Hilfskostenstellen auf die Hauptkostenstellen des jeweiligen Kostenstellenbereichs umgelegt, und zwar
  - die Kosten der *Materialhilfsstellen* auf die Hauptkostenstellen des Materialbereichs,
  - die Kosten der *Fertigungshilfsstellen* auf die Hauptkostenstellen des Fertigungsbereichs,
  - die Kosten der *Verwaltungshilfsstellen* auf die Hauptkostenstellen des Verwaltungsbereichs,
  - die Kosten der *Vertriebshilfsstellen* auf die Hauptkostenstellen des Vertriebsbereichs.

Auf diese Weise werden *mehrere verschiedenartige (differenzierte) Gemeinkostenzuschlagssätze* ermittelt, die wiederum stärker dem Kostenverursachungsprinzip entsprechen als die Gemeinkostenzuschlagssätze des einstufigen BAB.

Mehrstufiger Betriebsabrechnungsbogen

V

Gemeinkostenarten \ Kostenstellen	Gemeinkosten in DM	Allgem. Kostenst.: Kantine	Allgem. Kostenst.: Heizwerk	Materialkostenstellen	Fertigungshilfskostenstellen: Arbeitsvorber.	Fertigungshilfskostenstellen: Konstruktion	Fertigungshauptkostenstellen: Dreherei	Fertigungshauptkostenstellen: Fräserei	Fertigungshauptkostenstellen: Bohrerei	Fertigungshauptkostenstellen: Montage	Verwaltungskostenstellen	Vertriebskostenstellen
Löhne u. Gehälter	6000	16000	18000	20000	32000	34000	19000	21000	20000	36000	52000	48000
⋮	⋮	⋮	⋮	⋮	⋮	⋮	⋮	⋮	⋮	⋮	⋮	⋮
Gemeink. insges.	2620000	52000	120000	190000	104000	182000	268000	435000	381000	272000	342000	274000
Umlage „Kantine"		→	5000	3000	8000	4000	3000	4000	5000	6000	10000	4000
Umlage „Heizwerk"			125000	193000	112000	186000	271000	439000	386000	278000	352000	278000
			→	7000	12000	19000	14000	16000	23000	14000	9500	10500
				200000	124000	205000	285000	455000	409000	292000	361500	288500
Umlage „Arbeitsvorbereitung"					→		36000	25000	19800	43200		
Umlage „Konstruktion"						→	41700	62900	38700	61700		
Gemeinkosten der Hauptkostenstellen				200000	–	–	362700	542900	467500	396900	361500	288500
Zuschlagsgrundlagen 1. Materialeinzelkosten (MEK)				2500000								
2. Fertigungslöhne (FL)							148040	172349	259722	142770		
3. Herstellkosten des Umsatzes (HKdU)											5238200	5238200
Gemeinkostenzuschlagssätze (GKZ%)				8			245	315	180	278	6,9	5,5

Ermittlung der Herstellkosten des Umsatzes

V

Materialeinzelkosten (MEK)	2500000,– DM		
+ Materialgemeinkosten (MGK)	200000,– DM		
Materialkosten (MK)		2700000,– DM	
Fertigungslöhne(FL)-Dreherei	148040,– DM		
+ Fertigungsgemeinkosten(FGK)-Dreherei	362700,– DM		
Fertigungslöhne(FL)-Fräserei	172349,– DM		
+ Fertigungsgemeinkosten(FGK)-Fräserei	542900,– DM		
Fertigungslöhne(FL)-Bohrerei	259722,– DM		
+ Fertigungsgemeinkosten(FGK)-Bohrerei	467500,– DM		
Fertigungslöhne(FL)-Montage	142770,– DM		
+ Fertigungsgemeinkosten(FGK)-Montage	396900,– DM		
Fertigungskosten (FK)		2492881,– DM	
Herstellkosten des Abrechnungszeitraumes (HKdAZ)			5192881,– DM
+ Minderbestand bei unfertigen Erzeugnissen			59259,– DM
– Mehrbestand bei fertigen Erzeugnissen			13940,– DM
Herstellkosten des Umsatzes (HKdU)			**5238200,– DM**

Industriekalkulation – Kostenrechnung (Fortsetzung)

Kalkulation eines Kostenträgers (Stücks)

V	Materialeinzelkosten (MEK)	125,— DM		
	+ MGKZ 8%	10,— DM		
	Materialkosten (MK)		135,— DM	
	Fertigungslöhne(FL)-Dreherei	80,— DM		
	+ FGKZ 245%	196,— DM		
	Fertigungslöhne(FL)-Fräserei	20,— DM		
	+ FGKZ 315%	63,— DM		
	Fertigungslöhne(FL)-Bohrerei	25,— DM		
	+ FGKZ 180%	45,— DM		
	Fertigungslöhne(FL)-Montage	50,— DM		
	+ FGKZ 278%	139,— DM		
	Fertigungskosten (FK)		618,— DM	
	Herstellkosten (HK)			753,— DM
	+ VwGKZ 6,9%			51,96 DM
	+ VtGKZ 5,5%			41,42 DM
	Selbstkosten (SK)			846,38 DM

Arbeitsschritte für die industrielle Zuschlagskalkulation mit mehrstufigem BAB

V
① Umlage aller Gemeinkosten auf die Kostenstellen nach dem Verursachungsprinzip.
② Umlage der Kosten der allgemeinen Hilfskostenstellen (im Beispiel Kantine und Heizwerk) auf alle übrigen Kostenstellen.
③ Umlage der Kosten der Fertigungshilfskostenstellen (im Beispiel Arbeitsvorbereitung und Konstruktion) auf alle Fertigungshauptkostenstellen.
④ Addieren aller Kosten jeder Hauptkostenstelle.
⑤ Berechnen der Herstellkosten des Umsatzes.
⑥ Ermitteln der Gemeinkostenzuschlagssätze.
⑦ Kalkulieren der Kostenträger mit den errechneten Gemeinkostenzuschlagssätzen.

Übersicht über das System der industriellen Zuschlagskalkulation mit BAB

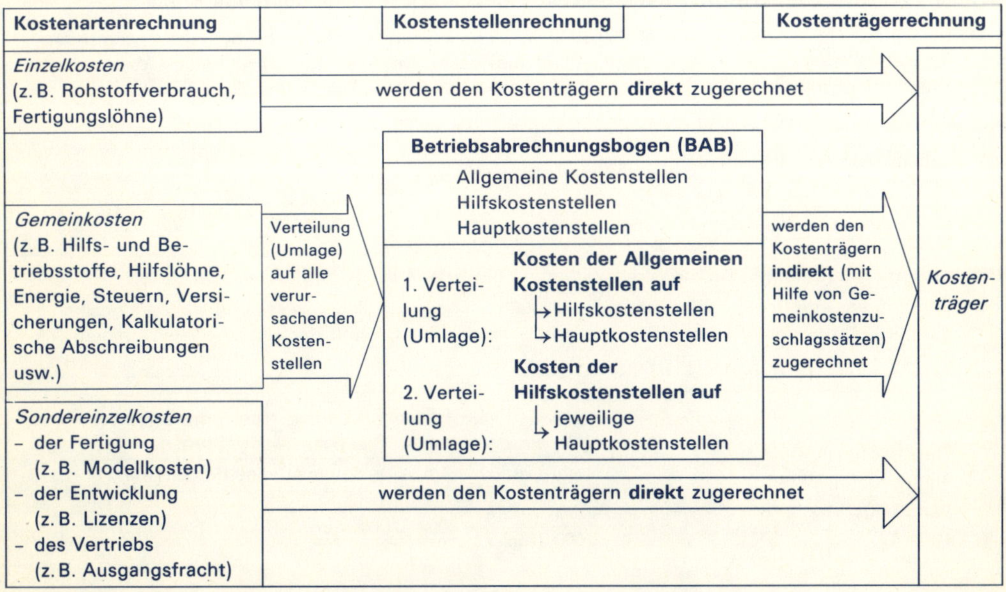

Industriekalkulation – Kostenrechnung (Fortsetzung)

Zuschlagskalkulation zur Ermittlung des Listenverkaufspreises

(Vgl. hierzu auch Handelskalkulation auf Seite 33.)

D Dem Selbstkostenpreis werden nacheinander der Gewinn, Verkaufsskonto, Verkaufsrabatt und die Umsatzsteuer prozentual zugeschlagen.

Industriekalkulationsschema (mit angenommenen Prozentsätzen)

V Bezeichnung	Zeichen	DM	Prozentsätze				
1 Materialeinzelkosten	MEK	84,50	100%				
2 +Materialgemeinkosten	+MGK 8%	6,76	+8%				
3 Materialkosten (1+2)	MK	91,26	108%				
4 Fertigungslöhne	FL	108,—		100%			
5 +Fertigungsgemeinkosten	+FGK 215%	232,20		+215%			
6 +Fertigungskosten (4+5)	+FK	340,20		315%			
7 Herstellkosten (3+6)	HK	431,46			100%		
8 +Verwaltungsgemeinkosten	+VwGK 12%	51,78			+12%		
9 +Vertriebsgemeinkosten	+VtGK 7%	30,20			+ 7%		
10 Selbstkostenpreis (7+8+9)	SKP	513,44			119%	100%	
11 +Gewinn	+GEW 6%	30,81				+ 6%	
12 Barverkaufspreis (10+11)	BVP	544,25			98%	106%	
13 +Verkaufsskonto	+VS 2%	11,11			+ 2%		
14 Zielverkaufspreis (12+13)	ZVP	555,36			100%	75%	
15 +Verkaufsrabatt	+VR 25%	185,12				+25%	
16 Listenverkaufspreis, netto (14+15)	LVPn	740,48			100%	100%	
17 +Umsatzsteuer (MwSt.)	+USt 14%	103,67			+14%		
18 Listenverkaufspreis, brutto (16+17)	LVPb	844,15			114%		?

Divisionskalkulation

Einfache (einstufige) Divisionskalkulation zur Ermittlung der Selbstkosten je Stück

D Die einfache (einstufige) Divisionskalkulation ist ein Kalkulationsverfahren, bei dem die **Gesamtkosten** des Betriebes oder einer Fertigungsstufe durch die gesamte hergestellte verkaufsfähige **Menge der Erzeugnisse dividiert** werden. Eine Trennung in Einzel- und Gemeinkosten ist nicht erforderlich, weil alle Kosten für dieselbe Erzeugnisart entstehen.

V Selbstkosten je Stück einer Fertigungsstufe

$$(k) = \frac{\text{gesamte Selbstkosten } (K)}{\text{gesamte verkaufsfähige Fertigungsmenge } (x)} \qquad k = \frac{K}{x} \qquad k = \frac{67\,348,\text{— DM}}{4250 \text{ Stück}} = \underline{\underline{15{,}85 \text{ DM/Stück}}}$$

Differenzierte (mehrstufige) Divisionskalkulation zur Ermittlung der Selbstkosten je Stück

D Die differenzierte (mehrstufige) Divisionskalkulation ist ein Kalkulationsverfahren, bei dem nacheinander die Selbstkosten je Stück *für jede einzelne Fertigungsstufe* mit der einfachen (einstufigen) Divisionskalkulation ermittelt werden.

V

Selbstkosten je Stück der Fertigungsstufe n

$$(k_n) = \frac{\text{Selbstkosten je Stück der Vorstufe } (k_{n-1}) \cdot \text{Fertigungsmenge der Stufe } n \ (vx_n) + \text{gesamte Selbstkosten der Stufe } n \ (K_n)}{\text{gesamte verkaufsfähige Fertigungsmenge der Stufe } n \ (x)}$$

Fertigungsstufe 1 $k_1 = \frac{K_1}{x_1}$; $\qquad k_1 = \frac{240\,000,\text{— DM}}{6000 \text{ Stück}} = \underline{\underline{40,\text{— DM/Stück}}}$

Industriekalkulation – Kostenrechnung (Fortsetzung)

Fertigungsstufe 2

$$k_2 = \frac{k_1 \cdot vx_2 + K_2}{x_2}$$

5000 Stück der Fertigungsstufe 1 werden weiter verarbeitet:

$$k_2 = \frac{40,\!- \text{ DM/Stück} \cdot 5000 \text{ Stück} + 80000,\!- \text{ DM}}{5000 \text{ Stück}} = \underline{\underline{56,\!- \text{ DM/Stück}}}$$

Fertigungsstufe 3

$$k_3 = \frac{k_2 \cdot vx_3 + K_3}{x_3}$$

4000 Stück der Fertigungsstufe 2 werden weiter verarbeitet:

$$k_3 = \frac{56,\!- \text{ DM/Stück} \cdot 4000 \text{ Stück} + 76000,\!- \text{ DM}}{4000 \text{ Stück}} = \underline{\underline{75,\!- \text{ DM/Stück}}}$$

Äquivalenzziffernkalkulation

D Die Äquivalenzziffernkalkulation ist ein Kalkulationsverfahren für produktionstechnisch sehr verwandte Erzeugnisse (Sorten), bei dem die gesamten Herstellkosten für alle Sorten **mit Hilfe von Äquivalenzziffern** auf die einzelnen Sorten *verteilt* werden. Die Äquivalenzziffern sind Verhältniszahlen, die das **Stückkostenverhältnis** der einzelnen Sorten zueinander ausdrücken. Eine Sorte wird als Bezugsgröße gewählt und die Äquivalenzziffer der Bezugssorte üblicherweise gleich 1 gesetzt.

V

- Die **Äquivalenzziffern** (ÄZ) werden nach einem Maßstab für das Stückkostenverhältnis der einzelnen Sorten zueinander berechnet:
  $S_A : S_B : S_C \triangleq ÄZ_A : ÄZ_B : ÄZ_C$

  Maschinenbelegungszeit je Stück einer Sorte:
  $S_A = 17$ min; $S_B = 5$ min; $S_C = 4$ min;
  S_B als Bezugsgröße = 1
  5 min ≙ 1; 17 min ≙ 3,4; 4 min ≙ 0,8
  17 : 5 : 4 ≙ 3,4 : 1 : 0,8

- Die **Rechnungseinheit** (RE) je Sorte wird berechnet:
  Produktionsmenge je Sorte · ÄZ je Sorte

  $S_A = 450$ Stück · 3,4 = 1530 RE
  $S_B = 625$ Stück · 1 = 625 RE
  $S_C = 842$ Stück · 0,8 = 673,6 RE

- Die **Rechnungseinheiten** werden addiert:

  2828,6 RE

- Die **Herstellkosten je RE** werden ermittelt:

$$\frac{\text{Gesamte Herstellkosten aller Sorten}}{\text{Summe der RE}}$$

  Gesamte Herstellkosten = 68572,40 DM/RE

$$\frac{68572{,}40 \text{ DM}}{2828{,}6 \text{ RE}} = \underline{\underline{24{,}242522 \text{ DM/RE}}}$$

- Die **Herstellkosten je Sorte** werden ermittelt:
  RE je Sorte · Herstellkosten je RE

  $S_A = 1530$ RE · 24,242522 DM/RE = $\underline{\underline{37091{,}06 \text{ DM}}}$
  $S_B = 625$ RE · 24,242522 DM/RE = $\underline{\underline{15151{,}58 \text{ DM}}}$
  $S_C = 673{,}6$ RE · 24,242522 DM/RE = $\underline{\underline{16329{,}76 \text{ DM}}}$

- Die **Verteilungsergebnisse** werden kontrolliert:
  Summe der Herstellkosten je Sorte = gesamte Herstellkosten aller Sorten,

  37091,06 DM + 15151,58 DM + 16329,76 DM = $\underline{\underline{68572{,}40 \text{ DM}}}$

  Herstellkosten je Stück einer Sorte

$$= \frac{\text{Herstellkosten der Sorte}}{\text{Produktionsmenge der Sorte}}$$

$$S_A = \frac{37091{,}06}{450} = \underline{\underline{82{,}42 \text{ DM}}}$$

$$S_B = \frac{15151{,}58}{626} = \underline{\underline{24{,}20 \text{ DM}}}$$

$$S_C = \frac{16329{,}76}{673{,}6} = \underline{\underline{24{,}24 \text{ DM}}}$$

- *Zusammengefaßte Darstellung der einzelnen Arbeitsschritte:*

Sorte	Produktionsmenge in Stück	Äquivalenzziffer	Recheneinheit	Herstellkosten je Sorte	Herstellkosten je Stück
A	450	3,4	1530	37091,06 DM	82,42
B	625	1	625	15151,58 DM	24,20
C	842	0,8	673,6	16329,76 DM	24,24
			2828,6	68572,40 DM	

Industriekalkulation – Kostenrechnung (Fortsetzung)

Deckungsbeitragsrechnung (direct costing)

D Die Deckungsbeitragsrechnung ist ein Kalkulationsverfahren, bei dem alle Kosten getrennt nach *variablen Kosten* und *fixen Kosten* kalkuliert werden.

- **Fixe Kosten** sind Kosten, die vom Beschäftigungsgrad (Ausbringungsmenge) *unabhängig* sind, z. B. Mieten, Gehälter, Grundsteuern, Zinsen, zeitbedingte Abschreibungen; sie sind dem Kostenträger nicht direkt zurechenbar.
- **Variable Kosten** sind Kosten, die vom Beschäftigungsgrad (Ausbringungsmenge) *abhängig* sind, z. B. Akkordlöhne, Rohstoffverbrauch, verbrauchsbedingte Abschreibungen; sie sind dem Kostenträger direkt zurechenbar.

Der **Deckungsbeitrag** ist der **Bruttoerfolg** und wird als Differenz zwischen den Verkaufserlösen und den variablen Kosten errechnet. Er dient dazu, die fixen Kosten und den Gewinn abzudecken.

Verkaufserlöse
– variable Kosten
Deckungsbeitrag (Bruttoerfolg)
– fixe Kosten
Gewinn

Einfache Deckungsbeitragsrechnung

D Die **einfache Deckungsbeitragsrechnung** ist ein Kalkulationsverfahren, bei dem vom Deckungsbeitrag die fixen Kosten in einer Summe abgezogen werden.

V	Kostenträgergruppe I		Kostenträgergruppe II		Summe in DM
	Kostenträger				
	A (in DM)	B (in DM)	C (in DM)	D (in DM)	
Nettoverkaufserlöse	24500,–	54000,–	37000,–	47800,–	163300,–
– variable Kosten	– 11400,–	– 21800,–	– 18000,–	– 23800,–	– 75000,–
Deckungsbeitrag	13100,–	32200,–	19000,–	24000,–	88300,–
– fixe Kosten					– 74000,–
Betriebsgewinn (Verlust)					14300,–

Differenzierte Deckungsbeitragsrechnung

D Die **differenzierte Deckungsbeitragsrechnung** ist ein Kalkulationsverfahren, bei dem die fixen Kosten nicht in einer Summe abgezogen werden, sondern erst nach erfolgter Aufteilung hinsichtlich ihrer Zurechenbarkeit. Dabei sind zu unterscheiden

- **erzeugnisfixe Kosten,** die einer Erzeugnis*art* direkt zugerechnet werden können (z. B. Entwicklungskosten, Werbekosten für eine einzige Erzeugnisart);
- **erzeugnisgruppenfixe Kosten,** die einer bestimmten Erzeugnis*gruppe* direkt zugerechnet werden können (z. B. Zinsen und Abschreibungen für Anlagen zur Produktion einer Erzeugnisgruppe);
- **unternehmensfixe Kosten,** die lediglich dem Unternehmen als ganzes direkt zuzurechnen sind (z. B. Kosten der Unternehmensleitung); sie stellen den nicht verteilbaren Fixkostenrest dar.

V	Kostenträgergruppe I		Kostenträgergruppe II		Summe in DM
	Kostenträger				
	A (in DM)	B (in DM)	C (in DM)	D (in DM)	
Nettoverkaufserlöse	24500,–	54000,–	37000,–	47800,–	163300,–
– variable Kosten	– 11400,–	– 21800,–	– 18000,–	– 23800,–	– 75000,–
Deckungsbeitrag I	13100,–	32200,–	19000,–	24000,–	88300,–
– erzeugnisfixe Kosten	– 1100,–	– 2000,–	– 6200,–	– 14000,–	– 23300,–
Deckungsbeitrag II	12000,–	30200,–	12800,–	10000,–	65000,–
– erzeugnisgruppenfixe Kosten	– 24800,–		– 16800,–		– 41600,–
Deckungsbeitrag III	17400,–		6000,–		23400,–
– unternehmensfixe Kosten					– 9100,–
Betriebsgewinn					14300,–

19 Fakturieren mit Rabatt und Umsatzsteuer und Zahlung mit Skontoabzug

D **Fakturieren** ist das *Ausstellen von Rechnungen* für gelieferte Waren oder erbrachte Dienstleistungen. Aus Einzelmengen, Einzelpreisen, eventuellen Zuschlägen für Verpackung, Fracht u. dgl. und eventuellen Abzügen für Rabatte und Skonti werden Rechnungsbeträge ermittelt.

- **Rabatt** ist ein Preisnachlaß, der dann gewährt wird, wenn ein einheitlicher Angebotspreis unterschiedlich festgesetzt werden soll
  - *gegenüber verschiedenen Abnehmern* (z. B. Wiederverkäuferrabatt, Personalrabatt),
  - *aus verschiedenen Gründen* (z. B. Mengenrabatt, Treuerabatt) oder
  - *zu verschiedenen Zeiten* (Schlußverkaufsrabatte, Saisonrabatte).

  Ein Rabatt wird meistens mit einem Prozentsatz vom Angebotspreis berechnet, kann aber auch als absoluter Betrag oder als Naturalrabatt (vgl. S. 36) gewährt werden.
- **Skonto** ist ein Preisnachlaß, der gewährt wird, wenn der Kaufpreis innerhalb einer bestimmten kalendermäßig festgesetzten Frist bezahlt wird. Der Skontobetrag wird mit einem Prozentsatz vom Zielpreis ermittelt. Wird der Skontobetrag vom Bruttopreis (Preis einschließlich Umsatzsteuer) berechnet, muß eine *Umsatzsteuerkorrektur* vorgenommen werden. Zu diesem Zweck wird aus dem *Bruttoskontobetrag* der Umsatzsteueranteil „herausgerechnet". Wird dieser Umsatzsteueranteil vom Bruttoskontobetrag abgezogen, ergibt sich der *Nettoskontobetrag.*

Ausstellen einer Rechnung

V

Ware	Stück	Einzelpreis	Gesamtpreis
A	125	31,85 DM	3981,25 DM
B	365	14,16 DM	5168,40 DM
C	89	141,50 DM	12593,50 DM
Listenverkaufspreis, netto			21743,15 DM

Listenverkaufspreis, netto (LVPn)	21743,15 DM	100%	
−34% Rabatt (R)	7392,67 DM	− 34%	
Zielverkaufspreis, netto (ZVPn)	14350,48 DM	66%	100%
+14% Umsatzsteuer (USt)	2009,07 DM		+ 14%
Zielverkaufspreis, brutto (ZVPb)	16359,55 DM		114%

Zahlung unter Abzug von Skonto

V Herausrechnen des Umsatzsteueranteils und des Nettobetrages aus dem Bruttobetrag mit **Prozentrechnung:**

Zielverkaufspreis, brutto (ZVPb)	16359,55 DM	100%	≙ G
−3% Skonto (≙ Bruttoskontobetrag im Sinne des UStG)	490,79 DM	− 3%	
Barverkaufspreis, brutto (BVPb)	15868,76 DM	97%	≙ G^-

Bruttoskontobetrag	490,79 DM	114%	≙ G^+
−Umsatzsteueranteil	60,27 DM	− 14%	
Nettoskontobetrag	430,52 DM	100%	≙ G

Herausrechnen des Umsatzsteueranteils und des Nettoskontobetrages aus dem Bruttoskontobetrag mit **einem Faktor:**

$$\frac{\text{Umsatzsteuer}}{100 + \text{Umsatzsteuersatz}} = \text{Umsatzsteuerfaktor} \qquad \frac{14\%}{100\% + 14\%} = 0{,}1228$$

$$\text{Bruttoskontobetrag} \cdot \text{Umsatzsteuerfaktor} = \text{Umsatzsteuerbetrag} \qquad 490{,}79\ \text{DM} \cdot 0{,}1228 = \underline{\underline{60{,}27\ \text{DM}}}$$

$$\frac{100}{100 + \text{Umsatzsteuersatz}} = \text{Nettobetragsfaktor} \qquad \frac{100\%}{100\% + 14\%} = 0{,}87719$$

$$\text{Bruttoskontobetrag} \cdot \text{Nettobetragsfaktor} = \text{Nettobetrag} \qquad 490{,}79\ \text{DM} \cdot 0{,}87719 = \underline{\underline{430{,}52\ \text{DM}}}$$

20 Zinsrechnen

D **Zinsen** sind Vergütungen für zeitweilig zur Verfügung gestelltes Kapital. Zinsrechnen ist angewandtes Prozentrechnen unter Berücksichtigung der Zeit.

- **Zinsen** entsprechen dem Prozentwert in der Prozentrechnung.
- **Kapital** entspricht dem Grundwert in der Prozentrechnung.
- **Zinssatz** entspricht dem Prozentsatz in der Prozentrechnung und ist stets auf ein Jahr bezogen.
- **Zinszeit** entspricht der Zeit, für die ein Kapital angelegt oder ausgeliehen wird.

Das kaufmännische Zinsjahr wird grundsätzlich mit 360 Zinstagen, der Zinsmonat mit 30 Zinstagen angesetzt. Der erste Tag des angegebenen Zeitraumes wird nicht verzinst.

Bezeichnung	Zeichen
Zinssatz	$p\%$; $\frac{p}{100}$
Zinssatzzahl	p
Zinsen	Z
Zinszeit	t (i)
Jahre	J
Monate	M
Tage	T

Bezeichnung	Zeichen	Erläuterung
Kapital	K	$K \mathrel{\hat{=}} 100\%$
vermehrtes Kapital	$K^+ = K + Z$	$K^+ > 100\%$
vermindertes Kapital	$K^- = K - Z$	$K^- < 100\%$
Zinszahl	#	$\# = \frac{K}{100} \cdot T$
Zinsdivisor (-teiler)	Zd (Zt)	$Zd = \frac{360}{p}$

Allgemeine Zinsformeln

V

Zinsen

$$Z_T = \frac{K \cdot p \cdot T}{100 \cdot 360} \qquad Z_M = \frac{K \cdot p \cdot M}{100 \cdot 12} \qquad Z_J = \frac{K \cdot p \cdot J}{100}$$

Kapital

$$K_T = \frac{Z \cdot 100 \cdot 360}{p \cdot T} \qquad K_M = \frac{Z \cdot 100 \cdot 12}{p \cdot M} \qquad K_J = \frac{Z \cdot 100}{p \cdot J}$$

Zinssatz

$$p_T = \frac{Z \cdot 100 \cdot 360}{K \cdot T} \qquad p_M = \frac{Z \cdot 100 \cdot 12}{K \cdot M} \qquad p_J = \frac{Z \cdot 100}{K \cdot J}$$

Zinszeit

$$T = \frac{Z \cdot 100 \cdot 360}{K \cdot p} \qquad M = \frac{Z \cdot 100 \cdot 12}{K \cdot p} \qquad J = \frac{Z \cdot 100}{K \cdot p}$$

Errechnete Zinstage werden stets auf *ganze* Tage aufgerundet.

Kaufmännische Zinsformel

V

$$\text{Zinsen (Z)} = \frac{\text{Zinszahl (\#)}}{\text{Zinsdivisor (Zd)}}; \quad \# = \frac{5340}{100} \cdot 25 = \underline{\underline{1335}}; \quad Zd = \frac{360}{6} = \underline{\underline{60}}; \quad Z = \frac{1335}{60} = \underline{\underline{22{,}25\ \text{DM}}}$$

Zinsen von mehreren Kapitalbeträgen (summarisches Zinsrechnen)

D Mit dem summarischen Zinsrechnen werden mehrere Kapitalbeträge mit demselben Zinssatz verzinst.

V

$$Z = \frac{\text{Summe der Zinszahlen } (\sum \#)}{\text{Zinsdivisor (Zd)}}$$

Kapital	Tage	#	Zinssatz	Zinsteiler
4 500,— DM	26	1 170	8 %;	$\frac{360}{8} = 45$
1 850,— DM	72	1 332		
3 780,— DM	95	3 591		
		6 093		

$$Z = \frac{6093\ \#}{45\ Zd} = \underline{\underline{135{,}40\ \text{DM}}}$$

Zinsrechnen (Fortsetzung)

Zeitprozentsatz

Umrechnen eines Jahreszinssatzes in einen Zeitprozentsatz

V $\text{Zeitprozentsatz} = \dfrac{\text{Jahreszinssatz} \cdot \text{Tage}}{360}$

$\uparrow$ 360 Zinstage $\hat{=}$ 6 % $\Uparrow$
60 Zinstage $\hat{=}$ x %

$$x = \frac{6\% \cdot 60 \text{ Tage}}{360 \text{ Tage}} = \underline{\underline{1\%}}$$

Das um Zinsen vermehrte und verminderte Kapital bei Anwendung eines Zeitprozentsatzes

V

Vermehrtes Kapital		**Vermindertes Kapital**	
Kapital	3000,— DM	Kapital	3000,— DM
+6% Zinsen für 60 Tage	30,— DM	−6% Zinsen für 60 Tage	30,— DM
vermehrtes Kapital	3030,— DM	vermindertes Kapital	2970,— DM

Vermehrtes Kapital:

K $\hat{=}$ 100 %
+Z $\hat{=}$ 1 % (Zeitprozentsatz)
$K^+ \hat{=}$ 101 %

Vermindertes Kapital:

K $\hat{=}$ 100 %
−Z $\hat{=}$ 1 % (Zeitprozentsatz)
$K^- \hat{=}$ 99 %

Zinsen vom vermehrten und verminderten Kapital

V **Zinsen vom vermehrten Kapital**

$$Z = \frac{K^+ \cdot p \cdot T}{360 \cdot 100 + p \cdot T} \quad \Big| \quad K = \frac{K^+ \cdot 360 \cdot 100}{360 \cdot 100 + p \cdot T}$$

$$p = \frac{Z \cdot 360 \cdot 100}{(K^+ - Z) \cdot T} \quad \Big| \quad T = \frac{Z \cdot 360 \cdot 100}{(K^+ - Z) \cdot p}$$

Zinsen vom verminderten Kapital

$$Z = \frac{K^- \cdot p \cdot T}{360 \cdot 100 - p \cdot T} \quad \Big| \quad K = \frac{K^- \cdot 360 \cdot 100}{360 \cdot 100 - p \cdot T}$$

$$p = \frac{Z \cdot 360 \cdot 100}{(K^- + Z) \cdot T} \quad \Big| \quad T = \frac{Z \cdot 360 \cdot 100}{(K^- + Z) \cdot p}$$

Zinsen vom vermehrten oder verminderten Kapital bei Anwendung eines Zeitprozentsatzes

V

Vermehrtes Kapital	3030,— DM	Vermindertes Kapital	2970,— DM
−Zinsen	30,— DM	+Zinsen	30,— DM
Kapital	3000,— DM	Kapital	3000,— DM

101 % $\hat{=}$ 3030,— DM
1 % $\hat{=}$ x DM

$$x = \frac{3030{,}\text{— DM} \cdot 1}{101} = \underline{\underline{30{,}\text{— DM}}}$$

99 % $\hat{=}$ 2970,— DM
1 % $\hat{=}$ x DM

$$x = \frac{2970{,}\text{— DM} \cdot 1}{99} = \underline{\underline{30{,}\text{— DM}}}$$

21 Vergleich Skonto mit Zinsen – effektive Verzinsung beim Ausnutzen von Skonto

D Soll entschieden werden, ob es sich lohnt, einen Kredit aufzunehmen, um einen Rechnungsbetrag innerhalb einer bestimmten Frist mit Skontoabzug zu bezahlen, kann man

- *den Skontoertrag den Kreditkosten gegenüberstellen* und damit den Finanzierungsgewinn oder -verlust errechnen, oder
- *den Skontosatz in einen effektiven Jahreszinssatz umrechnen* und diesen mit dem Kreditkostensatz (Zinssatz + Kreditnebenkosten) vergleichen.

Überweisungsbetrag (Skontoertrag) und Finanzierungsgewinn oder -verlust

V Zahlungsbedingungen: 30 Tage netto oder 3% Skonto innerhalb 10 Tagen

Erhalt der Rechnung

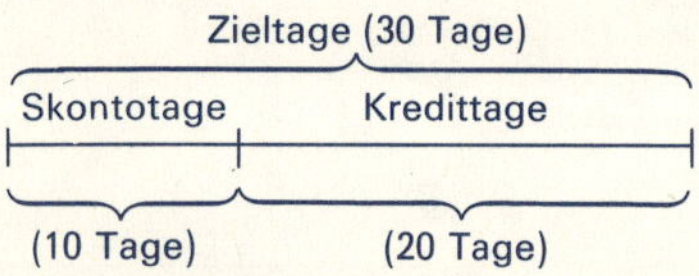

Zieltage	≙ Tagen, innerhalb derer gezahlt werden muß.	30
– Skontotage	≙ Tagen, innerhalb derer unter Abzug von Skonto gezahlt werden kann.	–10
Restzieltage (Kredittage)	≙ Tagen, die der Berechnung des effektiven Jahreszinssatzes p_{eff} zugrunde zu legen sind.	20

Rechnungsbetrag	Rechnungsbetrag	4500,— DM
– Skontoabzug (Skontoertrag)	– 3% Skonto innerhalb 10 Tagen	135,— DM
Überweisungsbetrag = Kreditbetrag	Überweisungsbetrag (Kreditbetrag)	4365,— DM
Skontoertrag	Skontoertrag	135,— DM
– Kreditkosten vom Kreditbetrag	– Kreditkosten 16% für 20 Tage von 4365,— DM	38,80 DM
Finanzierungsgewinn oder -verlust	Finanzierungsgewinn	96,20 DM

Effektiver Jahreszinssatz (p_{eff})

V Der Skontosatz, der für eine bestimmte Anzahl Tage (Kredittage) gilt, wird auf 360 Tage umgerechnet.

20 Kredittage ≙ 3%
360 Kredittage ≙ x%

effektiver Jahreszinssatz

$$x = \frac{3\% \cdot 360}{20} = 54\%$$

Die Kreditkosten (vgl. oben = 16%) sind kleiner als der Skontoertrag, ausgedrückt in einem effektiven Jahreszinssatz (54%).

22 Diskontrechnen

D **Diskont** ist der Zinsabzug von einem noch nicht fälligen Wechselbetrag, wenn der Wechsel verkauft wird. Diskont wird für die *Restlaufzeit* berechnet; das ist die Zeit vom Verkaufstag (Diskontierungstag) bis zum Verfalltag. Das Diskontrechnen ist angewandtes Zinsrechnen.

Zinsrechnen	Diskontrechnen
K = Kapital	K = Wechselbetrag
T = Zinstage	T = Diskonttage
p = Zinssatz	p = Diskontsatz
$\text{Zinszahl } (\#) = \frac{\text{Kapital} \cdot \text{Zinstage}}{100}$	$\text{Diskontzahl } (\#) = \frac{\text{Wechselbetrag} \cdot \text{Diskonttage}}{100}$
$\text{Zinsteiler (Zinsdivisor, Zd)} = \frac{360}{\text{Zinssatz}}$	$\text{Diskontteiler (Diskontdivisor, Dd)} = \frac{360}{\text{Diskontsatz}}$
$\text{Zinsen} = \frac{\text{Zinszahl } (\#)}{\text{Zinsteiler (Zd)}}$	$\text{Diskont} = \frac{\text{Diskontzahl } (\#)}{\text{Diskontteiler (Dd)}}$

Diskontrechnen (Fortsetzung)

Berechnen der Diskonttage (Restlaufzeit) und Wechselabrechnung

V Gesamte Laufzeit des Wechsels (mit 2810,— DM)

24.01. Ausstellungstag — **25.03.** Verkaufstag (Diskontierung) — **24.04.** Verfalltag

Restlaufzeit des Wechsels

25.03. = Kreditzeit (Diskonttage) **24.04.**

Wechselsumme (Wechselbetrag)
– Diskont (≙ Zinsen für die Restlaufzeit)
Barwert am Diskontierungstag

Schema der Wechselabrechnung

Abrechnung zum 25.03.

Wechselbetrag	fällig	Tage	Diskontzahlen
2810,— DM	24.04.	29	814,9
1380,— DM	16.06.	81	1117,8
4190,— DM Wechselsumme			1932,7
– 34,90 DM $6\frac{1}{2}$% Diskont aus 1932,7 #			
4155,10 DM	Barwert am 25.03.		

Die Geschäftsbedingungen der Deutschen Bundesbank für den Ankauf von bundesbankfähigen Wechseln (Stand 1984)

- **Die wichtigsten sachlichen und „förmlichen" Voraussetzungen:**
  - Die Wechsel dürfen beim Ankauf höchstens *drei Monate* und müssen mindestens *sieben Tage Laufzeit* haben;
  - für einen Wechsel müssen mindestens *drei als zahlungsfähig bekannte Verpflichtete* haften, d. h., die eingereichten Wechsel müssen mindestens drei „gute" Unterschriften tragen;
  - die Wechsel sollen *gute Handelswechsel* sein, d. h., der Wechselziehung muß ein Warengeschäft zugrunde liegen:
  - die Wechsel müssen bei einem Kreditinstitut an einem *Bankplatz* zahlbar gestellt sein.
- **Die wichtigsten abrechnungsmäßigen Bedingungen:**
  - Die Bundesbank berechnet den jeweils geltenden Bundesbank-Diskontsatz; eine Provision wird nicht berechnet;
  - der Diskont wird für mindestens *fünf Diskonttage* berechnet (Mindestlaufzeit);
  - für jeden Wechsel, bei dem lediglich für zehn oder weniger Diskonttage Diskont zu rechnen ist, wird eine *zusätzliche Gebühr von 2,— DM* berechnet.

Die Geschäftsbedingungen der Banken und Sparkassen für den Ankauf von Wechseln (Stand 1984)

Banken und Sparkassen können die Bedingungen selber festlegen:

- Der **Diskontsatz** im allgemeinen beträgt z. B. für Wechsel mit einem Wechselbetrag
  - bis 5000,— DM: Bundesbankdiskontsatz + 3%,
  - ab 5000,— DM: Bundesbankdiskontsatz + 2¾%,
  - ab 20000,— DM: Bundesbankdiskontsatz + 2½%.
- Der **Mindestdiskont** ist der mindestens in Rechnung zu stellende Diskont und wird entweder als *DM-Betrag* in die Wechselabrechnung eingesetzt oder mit einer *Mindestdiskontzahl* berechnet.

Mindestdiskontzahl = Mindestdiskont · Diskontteiler

- **Nicht versteuerte Wechsel** werden mit —,15 DM je angefangene 100,— DM Wechselbetrag nachversteuert.
- **Barauslagen** werden berechnet, wenn bei der Wechseldiskontierung zusätzliche Leistungen (z. B. Porto, Auskunfteinholung) erbracht werden müssen.
- Die **Inkassoprovision** wird berechnet, wenn der Wechsel nicht an einem Bankplatz oder nicht bei einer Bank zahlbar gestellt wurde; die Inkassoprovision wird entweder als DM-Betrag in die Wechselabrechnung eingesetzt oder mit einem Promillesatz von der Wechselsumme berechnet.

23 Terminrechnen

D Sollen mehrere zu verschiedenen Terminen fällige Beträge in einer Summe zurückgezahlt werden, ist ein *geeigneter Termin* zu ermitteln, bei dem weder der Schuldner noch der Gläubiger einen Zinsverlust erleiden. Dieser Termin liegt stets zwischen dem ersten und dem letzten Fälligkeitstag; er ist der **mittlere Verfalltag,** auch mittlere Fälligkeit, gemeinsamer Verfalltag, Durchschnittsverfalltag, Durchschnittsvaluta oder Durchschnittskadenz genannt.
Beim Berechnen des mittleren Verfalltages ist es zweckmäßig, den frühesten Fälligkeitstermin als Ausgangstag, *Stichtag,* zu wählen.

Berechnen des mittleren Verfalltages

Zu verschiedenen Terminen fällige Beträge sind gleich groß

V Mittlerer Verfalltag =

$$\text{Stichtag} + \frac{\text{Summe der Tage (vom Stichtag bis zum Fälligkeitstermin des jeweiligen Betrages)}}{\text{Anzahl der Beträge}}$$

Beträge	fällig	Tage
3000,— DM	**15.05.**	Stichtag
3000,— DM	09.06.	24
3000,— DM	21.08.	96
9000,— DM		120

$\frac{120}{3}$ = 40 durchschnittliche Tage;

Mittl. Verfalltag = 15.05. + 40 Tage = 25.06.

Zu verschiedenen Terminen fällige Beträge sind verschieden groß

V Mittlerer Verfalltag =

$$\text{Stichtag} + \frac{\text{Summe der Zinszahlen (\#)}}{\text{1\% der Summe der Beträge}}$$

Beträge	fällig	Tage	Zinszahlen
300,— DM	**23.08.**	Stichtag	
1700,— DM	13.09.	20	340
6000,— DM	01.11.	68	4080
8000,— DM			4420

$\frac{4420}{80}$ = 55,25 ~56 durchschnittliche Tage;

Mittl. Verfalltag = 23.08. + 56 Tage = 19.10.

Berechnen des Restzahlungstermins

V Mittlerer Verfalltag =

$$\text{Stichtag} + \frac{\text{Differenz der Zinszahlen (\#)}}{\text{1\% der Differenz der Beträge}}$$

Beträge	fällig	Tage	Zinszahlen
3600,— DM	**14.03.**	Stichtag	
8800,— DM	04.05.	50	4400
12400,— DM			
−10000,— DM	10.04.	26	−2600
2400,— DM			1800

Negative Beträge (z. B. Abschlagszahlungen) ergeben auch *negative Zinszahlen*

$\frac{1800}{24}$ = 75 durchschnittliche Tage

Mittl. Verfalltag = 14.03. + 75 Tage = 29.05.

Kommissionsabrechnung

D Über abgeschlossene Geschäfte muß ein Kommissionär seinem Auftraggeber **Abrechnung zum mittleren Verfall** erteilen.

Terminrechnen (Fortsetzung)

V

Mittlerer Verfalltag = Stichtag + $\frac{\text{Differenz der Zinszahlen (\#)}}{\text{1\% der Summe der Beträge}}$

Verkäufe	Skontierte Beträge	fällig	Tage	Zinszahlen
3000,— DM	3000,— DM	**14.06.**	Stichtag	
1000,— DM	980,— DM	20.06.	6	58,8
4000,— DM	4000,— DM	22.09.	98	3920,0
8000,— DM	7980,— DM			3978,8
	– 640,— DM	8% Provision von 8000,— DM		
	– 140,— DM	2% Delkredereprovision von 7000,— DM Zielverkäufen		
	– 400,— DM	Auslagen		
	6800,— DM	fällig am 04.08.		

$\frac{3978{,}8}{79{,}8} = 49{,}85$ durchschnittliche Tage;

Mittlerer Verfalltag = 14.06. + 50 Tage = 04.08.

24 Kontokorrentrechnen – Zinsstaffelrechnen

D **Kontokorrentkonten** (Girokonten) der Banken dienen der Abrechnung des laufenden Zahlungsverkehrs:

Soll	Kontokorrentkonto Haben
Lastschriften	**Gutschriften**
Überweisungen an Lieferer	Zuweisungen von Kunden
Schecks an Lieferer (Scheckbelastungen)	Schecks von Kunden (Scheckgutschriften)
Barabhebungen	Bareinzahlungen

Die Zinsabrechnung eines Kontokorrentkontos wird mittels **Zinsstaffel** durchgeführt.

Erstellen der Zinsstaffel

V Für die Zinsberechnung eines Kontos sind maßgebend
- die **Salden** (nicht die Posten),
- die **Wertstellungsdaten** (nicht die Buchungsdaten).

Berechnet werden
- **Habenzinsen** für Guthaben aus der Summe der Habenzinszahlen;
- **Sollzinsen** für eingeräumte und in Anspruch genommene Kreditbeträge aus der Summe der Sollzinszahlen;
- **Überziehungszinsen** für in Anspruch genommene, aber nicht eingeräumte Kredite (überzogene Kredite) und für Laufzeiten, die über den zugesagten Kreditzeitraum hinausgehen (überzogene Laufzeiten). Überziehungszinsen werden aus der Summe der Überziehungszinszahlen berechnet, und zwar *zusätzlich* zu den Sollzinszahlen;

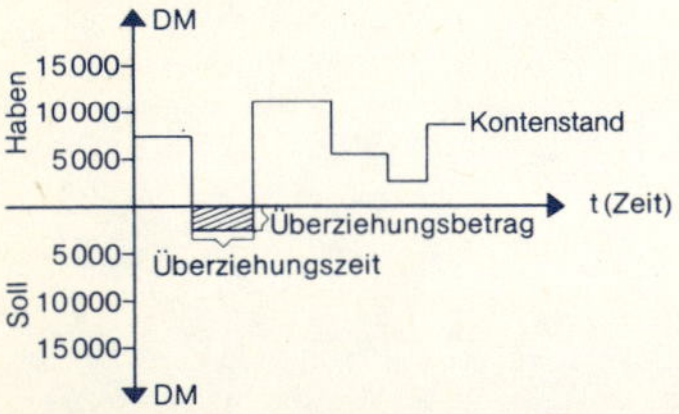

Saldoentwicklung eines Kontos, für das kein Kredit gewährt wurde.

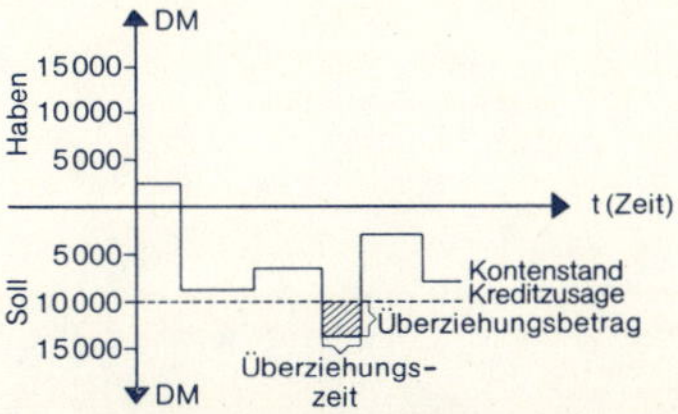

Saldoentwicklung eines Kontos, für das ein Kredit eingeräumt wurde, der jedoch zeitweise überschritten worden ist.

Kontokorrentrechnen – Zinsstaffelrechnen (Fortsetzung)

- **Kreditprovision** (Bereitstellungsprovision) für eingeräumte, aber nicht in Anspruch genommene Kreditbeträge;
- **Spesen,** falls angefallen.

S **Kontokorrentkonto** H

Datum	Text	Wert	Betrag	Datum	Text	Wert	Betrag
01.10.	Saldovortrag	30.09.	3000,—	09.10.	Überweisung von	10.10.	1600,—
14.10.	Überweisung an ...	14.10.	3720,—	15.12.	Bareinzahlung	16.12.	6120,—
29.11.	Barabhebung	30.11.	5000,—	20.12.	Scheck von ...	21.12.	6300,—
				22.12.	Scheck von ...	24.12.	1100,—

Zinsstaffel

Wert	S/H	Betrag	Tage	Soll #	Haben #	Überziehungsbeträge	#
30.09.	S	3000,—	10	300			
10.10.	H	1600,—					
	S	1400,—	4	56			
14.10.	S	3720,—					
	S	5120,—	46	2355		2120,—	975,2
30.11.	S	5000,—					
	S	10120,—	16	1619		7120,—	1139,2
16.12.	H	6120,—					
	S	4000,—	5	200		1000,—	50
21.12.	H	6300,—					
	H	2300,—	3		69		
24.12.	H	1100,—					
31.12.	H	3400,—	6		204		
			90	4530	273		2164,4
31.12	H	1,14	$1\frac{1}{2}$% Habenzinsen aus # 273				
	H	3401,14					
31.12.	S	113,25	9% Sollzinsen aus # 4530				
	H	3287,89					
31.12.	S	9,02	$1\frac{1}{2}$% Überziehungsz. aus # 2164,4				
	H	3278,87	Zwischensaldo				
31.12.	S	2,78	3% Kreditprovision aus # 334				
31.12.	H	3276,09	Saldovortrag (Endsaldo)				

Berechnung der Kreditprovision:

Zugesagter Kredit	3000,— DM
Abrechnungszeitraum	90 Tage
Zinszahlen des zugesagten Kredits	30·90 = 2700 #
Summe der Sollzinszahlen	4530 #
– Summe der Überziehungszinszahlen	2164 #
Zinszahl des zugesagten und in Anspruch genommenen Kredits	2366 #
Zinszahl des zugesagten Kredits	2700 #
– Zinszahl des zugesagten und in Anspruch genommenen Kredits	2366 #
Zinszahl des zugesagten, aber nicht in Anspruch genommenen Kredits	334 #

334 : 120 = 2,78 DM Kreditprovision

25 Rechnen bei Abzahlungs(Teilzahlungs)geschäften

D Bei Abzahlungsgeschäften wird der Verkaufspreis in Raten gezahlt. Für ein Abzahlungsgeschäft müssen gemäß „Gesetz betreffend die Abzahlungsgeschäfte" angegeben werden

- der **Teilzahlungspreis,**
- die **Monatsrate,**
- die **Anzahl der Monatsraten** und
- die **Effektivverzinsung.**

Teilzahlungspreis und Monatsrate

V

Barzahlungspreis	Barzahlungspreis		900,— DM
+ Bearbeitungsgebühren	+ 2% Bearb'geb. von 900,— DM		18,— DM
+ Zinsen vom Barzahlungspreis	+ 0,5% Monatszinsen für 1 Monat 4,50		
	≙ für 10 Monate Gesamtzinsen		45,— DM
Teilzahlungspreis	Teilzahlungspreis		963,— DM

$$\frac{\text{Teilzahlungspreis}}{\text{Anzahl der Monatsraten}} = \text{Monatsrate}$$

963,— DM : 10 = 96,30 DM Monatsrate

Anzahl der Monatsraten

V

Barzahlungspreis	Barzahlungspreis	2480,— DM
+ Bearbeitungsgebühren	+ 2% Bearbeitungsgebühren	49,60 DM
Tilgungspreis (Tpr)	Tilgungspreis	2529,60 DM
gewünschte Monatsrate	gewünschte Monatsrate	150,— DM
− Monatszinsen	− Monatszinsen (0,35% von 2480,— DM)	8,68 DM
monatl. Tilgungsbetrag (mTb)	monatlicher Tilgungsbetrag	141,32 DM

$$\frac{\text{Tilgungspreis}}{\text{monatlicher Tilgungsbetrag (mTb)}} = \text{Anzahl der Monatsraten}$$

$$\frac{2529{,}60}{141{,}32} = 17{,}899\ldots \approx$$

17 gleich große Monatsraten
\+ 1 Restmonatsrate
18 Monatsraten

Tilgungspreis (Tpr)	Tilgungspreis	2529,60 DM
+ Gesamtzinsen	+ Gesamtzinsen (8,68 DM Monatszinsen · 18 Monate)	156,24 DM
Teilzahlungspreis (Tlzpr)	Teilzahlungspreis	2685,84 DM
− gleich große Monatsraten	− 17 gleich große Monatsraten je 150,— DM	2550,— DM
Restmonatsrate	Restmonatsrate	135,84 DM

Effektivverzinsung bei Abzahlungs(Teilzahlungs)geschäften (p_{eff})

V

$$p_{eff} = \frac{24 \cdot (\text{Monatszinssatz} \cdot \text{Anzahl der Monatsraten} + \text{Bearbeitungsgebührensatz})}{\text{Anzahl der Monatsraten} + 1}$$

$$p_{eff} = \frac{24\,(0{,}6\,\% \cdot 10 + 2\,\%)}{10 + 1} = 17{,}45\,\%$$

26 Wertpapierrechnen - Effektenrechnen

D Wertpapiere (Effekten) sind

- **Dividendenpapiere**, wie Aktien; sie bringen einen jährlich wechselnden Ertrag (Papiere mit schwankendem Ertrag), oder
- **Zinspapiere** (Rentenwerte), wie Anleihen, Pfandbriefe, Obligationen; sie bringen einen jährlich gleichbleibenden Ertrag (Papiere mit festem Ertrag).

V Maßgebend für das Berechnen des An- oder Verkaufswerts von Wertpapieren ist deren **Kurswert**.

Kurswert (KW) für Dividendenpapiere = Anzahl der Stücke · Stückkurs

$$\text{Kurswert (KW) für Zinspapiere} = \frac{\text{Nennwert (NW)} \cdot \text{Prozentkurs}}{100}$$

Kostentabelle bei An- und Verkäufen von Effekten (Stand 1984)

Wertpapierart	Provision[1]	Maklergebühr (Courtage)	Börsenumsatzsteuer (BUSt)
1. Anleihen des Bundes, der Länder und Gemeinden; Pfandbriefe	0,5% vom Kurswert, (bei Kursen unter 100% vom Nennwert), mind. 5,— DM	bis nom. 50000,— DM 0,75‰, mind. 0,50 DM über nom. 50000,— DM bis nom. 100000,— DM 0,5‰, mind. 37,50 DM über nom. 100000,— DM bis nom. 250000,— DM 0,35‰, mind. 50,— DM über nom. 250000,— DM bis nom. 500000,— DM 0,325‰, mind. 87,50 DM jeweils vom Nennwert; bei höheren Umsätzen (Nominalbeträgen) werden geringere Sätze berechnet und höhere Mindestbeträge zugrunde gelegt.	1‰ (0,1%) vom Kurswert
2. Industrieobligationen, -anleihen			2,5‰ (0,25%) vom Kurswert
3. Aktien	1% vom Kurswert, mind. 7,50 DM	1‰ (0,1%) vom Kurswert, mind. —,50 DM	
4. Bezugsrechte	Die Kreditinstitute haben unterschiedliche Mindestsätze, in der Regel zwischen 2,50 DM und 5,— DM (keine Prozentsätze)		
5. Investmentzertifikate	Die Kosten sind in der Spanne zwischen Abgabe- und Rücknahmepreis enthalten. Sonderregelungen sind möglich		2‰ (0,2%) vom Kurswert

[1] Die Mindestsätze sind bei den einzelnen Kreditinstitutarten unterschiedlich. Manche Kreditinstitute runden auf volle —,05 DM oder —,10 DM auf.

An- und Verkauf von Dividendenpapieren durch die Bank

Kaufabrechnung der Bank

V Kurswert
+ Ankaufskosten (Prov., Courtage, BUSt)
Lastschrift der Bank für den Käufer

16 Stück zu 143,50 DM Kurswert		2296,— DM
+ Ankaufskosten		
1% Provision vom Kurswert	22,96 DM	
1‰ Courtage vom Kurswert	2,30 DM	
2,5‰ BUSt vom Kurswert	5,74 DM	31,— DM
Lastschrift der Bank für den Kunden		2327,— DM

Wertpapierrechnen - Effektenrechnen (Fortsetzung)

Verkaufsabrechnung der Bank

V Kurswert
– Verkaufskosten (Prov., Courtage, BUSt)
Gutschrift der Bank für den Verkäufer

16 Stück zu 143,50 DM Kurswert		2 296,– DM
– Verkaufskosten		
1 % Provision vom Kurswert	22,96 DM	
1 ‰ Courtage vom Kurswert	2,30 DM	
2,5 ‰ BUSt vom Kurswert	5,74 DM	31,– DM
Gutschrift der Bank für den Kunden		2 265,– DM

An- und Verkauf von Zinspapieren durch die Bank

D Die **Zinsen** für Zinspapiere werden stets **am Ende** einer Zinsperiode gezahlt. Beim Kauf oder Verkauf von Zinspapieren inmitten einer Zinsperiode steht ein Teil der Zinsen noch dem Verkäufer, der andere Teil schon dem Käufer zu. Dieser Zinsanteil wird **Stückzinsen** genannt. Ausgezahlt bzw. gutgeschrieben werden die Gesamtzinsen jedoch dem, der den laufenden Zinsschein hat. Daher werden bei der Kauf- oder Verkaufsabrechnung Stückzinsen verrechnet. Der Verkäufer kann den laufenden Zinsschein einbehalten oder mitgeben.

Stückzinsenberechnung

V Bei **mitgegebenem laufendem Zinsschein** erhält der *Käufer* den Zinsschein und damit die Zinsen für die gesamte Zinsperiode ausgezahlt. Der Verkäufer beansprucht jedoch die Zinsen vom Beginn der Zinsperiode bis zum Verkaufstag.

|← Zinszeit, für die der Käufer Zinsen erhält →|

31.03. Zinstermin — 28.07. Verkaufstag — 30.09. Zinstermin

|← Zinszeit, für die der Verkäufer Zinsen beansprucht →|

Bei **einbehaltenem laufendem Zinsschein** behält der *Verkäufer* den Zinsschein und erhält damit die Zinsen für die gesamte Zinsperiode ausgezahlt. Der Käufer beansprucht jedoch die Zinsen vom Verkaufstag bis zum Ende der Zinsperiode.

|← Zinszeit, für die der Verkäufer Zinsen erhält →|

31.03. Zinstermin — 28.05. Verkaufstag — 30.09. Zinstermin

|← Zinszeit, für die der Käufer Zinsen beansprucht →|

Kaufabrechnung der Bank

V a) bei *mitgegebenem* laufendem Zinsschein
Kurswert
+ Stückzinsen (vom letzten Zinstermin bis zum Abrechnungstag)
ausmachender Betrag
+ Ankaufskosten (Prov., Courtage, BUSt)
Lastschrift der Bank für den Käufer

2 800,– DM zum Kurse von 101,5 %		2 842,– DM
+ 6,5 % Stückzinsen vom Nennwert (31.01.–14.06.) = 134 Tage		67,74 DM
ausmachender Betrag		2 909,74 DM
+ Ankaufskosten		
0,5 % Provision vom Kurswert	14,21 DM	
0,75 ‰ Courtage vom Kurswert	2,13 DM	
1 ‰ BUSt vom Kurswert	2,84 DM	19,18 DM
Lastschrift der Bank für den Kunden		2 928,92 DM

b) bei *einbehaltenem* laufendem Zinsschein
Kurswert
– Stückzinsen (vom Abrechnungstag bis zum nächsten fälligen Zinstermin)
ausmachender Betrag
+ Ankaufskosten (Prov., Courtage, BUSt)
Lastschrift der Bank für den Käufer

2 800,– DM zum Kurse von 101,5 %		2 842,– DM
– 6,5 % Stückzinsen vom Nennwert (31.01.–14.06.) = 134 Tage		67,74 DM
ausmachender Betrag		2 774,26 DM
+ Ankaufskosten		
0,5 % Provision vom Kurswert	14,21 DM	
0,75 ‰ Courtage vom Kurswert	2,13 DM	
1 ‰ BUSt vom Kurswert	2,84 DM	19,18 DM
Lastschrift der Bank für den Kunden		2 793,44 DM

Wertpapierrechnen - Effektenrechnen (Fortsetzung)

Verkaufsabrechnung der Bank

V a) bei *mitgegebenem* laufendem Zinsschein

Kurswert	
+ Stückzinsen (vom letzten Zinstermin bis zum Abrechnungstag)	
ausmachender Betrag	
– Verkaufskosten (Prov., Courtage, BUSt)	
Gutschrift der Bank für den Verkäufer	

2800,– DM zum Kurse von 101,5%		2842,– DM
+ 6,5% Stückzinsen vom Nennwert (31.01.–14.06.) = 134 Tage		67,74 DM
ausmachender Betrag		2909,74 DM
– Verkaufskosten		
0,5% Provision vom Kurswert	14,21 DM	
0,75‰ Courtage vom Kurswert	2,13 DM	
1‰ BUSt vom Kurswert	2,84 DM	19,18 DM
Gutschrift der Bank für den Kunden		2890,56 DM

b) bei *einbehaltenem* laufendem Zinsschein

Kurswert	
– Stückzinsen (vom Abrechnungstag bis zum nächsten fälligen Zinstermin)	
ausmachender Betrag	
– Verkaufskosten (Prov., Courtage, BUSt)	
Gutschrift der Bank für den Verkäufer	

2800,– DM zum Kurse von 101,5%		2842,– DM
– 6,5% Stückzinsen vom Nennwert (31.01.–14.06.) = 134 Tage		67,74 DM
ausmachender Betrag		2774,26 DM
– Verkaufskosten		
0,5% Provision vom Kurswert	14,21 DM	
0,75‰ Courtage vom Kurswert	2,13 DM	
1‰ BUSt vom Kurswert	2,84 DM	19,18 DM
Gutschrift der Bank für den Kunden		2755,08 DM

Effektive Verzinsung von Wertpapieren

D Außer der **Nominalverzinsung** (Berechnen der Zinsen oder Dividenden vom Nennwert) gibt es die **Effektivverzinsung** (p_{eff} = tatsächliche Verzinsung) oder Rendite. Dabei werden die tatsächlichen Erträge zum tatsächlich eingesetzten Kapital ins Verhältnis gesetzt.

V Effektivverzinsung **ohne** Berücksichtigung von An- und Verkaufskosten, Kursgewinnen bzw. -verlusten sowie Erträgen

$$p_{eff} = \frac{\text{durchschn. Jahresertrag} \cdot 100}{\text{Kurs}}$$

Effektivverzinsung **mit** Berücksichtigung von An- und Verkaufskosten, Kursgewinnen bzw. -verlusten sowie Erträgen

$$p_{eff} = \frac{\text{tatsächl. Gesamtertrag} \cdot 100 \cdot 360}{\text{tatsächl. Kap'einsatz} \cdot \text{Tage d. Besitzes}}$$

a) Kapitaleinsatz	DM
Kurswert für 18 Stück zu 238,–	4284,–
+ Ankaufskosten	
1‰ Provision vom Kurswert	4,28
1‰ Courtage vom Kurswert	4,28
2,5‰ BUSt vom Kurswert	10,71
Kaufbetrag (Kapitaleinsatz)	4303,27

b) Verkaufserlös	DM
Kurswert für 18 Stück zu 252,–	4536,–
– Verkaufskosten	
1‰ Provision vom Kurswert	4,54
1‰ Courtage vom Kurswert	4,54
2,5‰ BUSt vom Kurswert	11,34
Verkaufserlös	4515,58

c) Gesamtertrag	DM
Verkaufserlös	4515,58
– Kaufbetrag (Kapitaleinsatz)	4303,27
Kursgewinn	212,31
Dividendenerträge:	
im 1. Jahr 18 · 6,– DM	108,–
im 2. Jahr 18 · 6,75 DM	121,50
Gesamtertrag	441,81

d) Effektive Verzinsung

$$p_{eff} = \frac{441{,}81 \cdot 100 \cdot 360}{4303{,}27 \cdot 611} = 6{,}0492039 \approx \underline{\underline{6{,}05\,\%}}$$

Wertpapierrechnen – Effektenrechnen (Fortsetzung)

Berechnen von Bezugsrechten

D Bezugsrecht ist der **Anspruch** eines Aktionärs, bei einer Erhöhung des Grundkapitals einer AG **neue (junge) Aktien zu beziehen.** Er kann jedoch nur so viele neue Aktien erwerben, wie dies seinem Anteil am bisherigen Grundkapital entspricht (Bezugsverhältnis). Der **Wert des Bezugsrechts** errechnet sich aus der Gegenüberstellung der Börsenkurse der alten und jungen Aktien und dem Bezugsverhältnis.

V

Rechnerischer Wert des Bezugsrechts	B
Börsenkurs der alten Aktien	K_a
Börsenkurs der jungen Aktien	K_j
Anzahl der alten Aktien	a
Anzahl der jungen Aktien	j
Bezugsverhältnis	$a:j$

$$B = \frac{K_a - K_j}{\frac{a}{j} + 1}$$

Kurs der alten Aktien = 300%, der jungen Aktien = 180%; Bezugsrecht = 5:1

$$B = \frac{300\% - 180\%}{\frac{5}{1} + 1} = \underline{\underline{20\%}}$$

Verpfänden (Beleihen) von Wertpapieren (Effektenlombard)

D Zur Absicherung eines Kredits (Darlehens) kann der Eigentümer von Wertpapieren der Bank Wertpapiere **verpfänden:** man sagt, die Wertpapiere werden beliehen oder *lombardiert* (Effektenlombard, Lombardkredit).
Beleihungsgrundlage ist der Kurswert. Wegen möglicher Kursrückgänge beleihen die Banken Effekten nur bis zum **Beleihungswert.** Der Beleihungswert wird bei Dividendenpapieren mit einem **Beleihungssatz** von 50% bis 60%, bei Zinspapieren mit einem Beleihungssatz von 60% bis 80% ermittelt. Der Zinssatz für Lombardkredite, der **Lombardsatz,** liegt üblicherweise 1% über dem Notenbankdiskontsatz.

Beleihungswert

D Der **Beleihungswert** entspricht einem Wert, der wegen möglicher Kursschwankungen niedrigerer liegt als der *Kurswert,* d. h. niedriger als der erzielbare Erlös der Papiere. Der Beleihungswert wird durch den *Beleihungssatz* bestimmt. Wertpapiere werden mit einem Beleihungssatz zwischen 50% und 80% des Kurswertes beliehen.

V

$$\text{Beleihungswert} = \frac{\text{Kurswert der verpfändeten Wertpapiere} \cdot \text{Beleihungssatz in Prozent}}{100\%}$$

Beleihungswerte werden stets auf volle 100,— DM *ab*gerundet.

$$\text{Kurswert} = \frac{26\,000{,}\text{— DM} \cdot 103{,}50\%}{100\%} = 26\,910{,}\text{— DM}; \quad \text{Beleihungswert} = \frac{26\,910{,}\text{— DM} \cdot 75\%}{100\%} = 20\,182{,}50 \text{ DM}$$

abgerundet $\underline{\underline{20\,100{,}\text{— DM}}}$

Umfang der Sicherheiten (Pfandwert, Lombardwert)

D Der **Umfang der Sicherheiten** für einen Kredit entspricht der Anzahl der Stücke, die für einen bestimmten Kredit verpfändet werden müssen.

V Um die **Anzahl der Stücke** zu berechnen, die als Sicherheit erforderlich sind, wird zunächst der *Beleihungswert* für ein Stück der Sicherheiten berechnet. Dabei wird der Kurswert des kleinsten Stücks (bei Aktien 50,— DM, bei Zinspapieren 100,— DM) zugrundegelegt.

$$\text{Beleihungswert für ein Stück} = \frac{\text{Kurswert eines Stücks} \cdot \text{Beleihungssatz in Prozent}}{100\%}$$

$$\frac{348{,}\text{— DM} \cdot 55\%}{100\%} = \underline{\underline{191{,}40 \text{ DM}}}$$

Der **Umfang der Sicherheiten,** d.h. die Anzahl der Stücke, die für einen Kredit verpfändet werden müssen, ergibt sich aus der Division des Kreditbetrags (Darlehensbetrag) durch den Beleihungswert für ein Stück.

Wertpapierrechnen - Effektenrechnen (Fortsetzung)

Umfang der Sicherheiten für Aktien in Stück	=	$\frac{\text{Kreditbetrag}}{\text{Beleihungswert für 1 Stück Aktie zu 50,– DM}}$	$\frac{16000,– \text{ DM}}{191,40 \text{ DM}} = 83,59\ldots$, aufgerundet 84 Stück
Umfang der Sicherheiten für Zinspapiere in Stück	=	$\frac{\text{Kreditbetrag}}{\text{Beleihungswert für 100,– DM Nennwert Zinspapiere}}$	$\frac{5000,– \text{ DM}}{75,– \text{ DM}} = 66,6\ldots$, aufgerundet 67 Stück

Bruchteile von Stücken werden stets *auf*gerundet.

27 Lohn- und Gehaltsabrechnung

D Lohn- und Gehaltsabrechnungen müssen den jeweiligen Bruttolohn (-gehalt), den Nettolohn (-gehalt), die eventuellen Zuschüsse (Zulagen) und alle Abzüge im einzelnen sowie den auszuzahlenden Betrag enthalten.

Nettolohn (-gehalt) und auszuzahlender Betrag

Lohnsteuerpflichtiges und sozialversicherungspflichtiges Entgelt

V Bruttolohn (-gehalt)
+ vermögenswirksame Leistung des Arbeitgebers
+ lohnsteuerpflichtige Zuschüsse
– auf der Lohnsteuerkarte eingetragener Lohnsteuerfreibetrag
– Weihnachtsfreibetrag (nur im Monat Dezember)*

lohnsteuerpflichtiges Entgelt ≙ maßgeblichem Betrag zum Ablesen aus der Lohnsteuer-Tabelle

* 600,– DM (Stand 1984)

Bruttolohn (-gehalt)
+ vermögenswirksame Leistung des Arbeitgebers
+ sozialversicherungspflichtige Zuschüsse

sozialversicherungspflichtiges Entgelt ≙ maßgeblichem Betrag zum Ablesen aus der Sozialversicherungs-Beitragstabelle

Abrechnung

V Bruttolohn (-gehalt)
+ sonstige Zuschüsse (z. B. Essenszuschuß, Kontoführungsgebühr, Fahrtkostenzuschuß)
– Lohnsteuer vom lohnsteuerpflichtigen Entgelt
– Kirchensteuer vom lohnsteuerpflichtigen Entgelt
– Arbeitnehmeranteil der Beiträge zur sozialen Sicherung vom sozialversicherungspflichtigen Entgelt

Nettolohn (-gehalt)
– vermögenswirksame Leistungen, die vom Arbeitnehmer aufgebracht werden
– sonstige Abzüge (z. B. Vorschuß, Miete für Werkswohnung)
+ Arbeitnehmer-Sparzulage

Auszuzahlender Betrag

Die vermögenswirksamen Leistungen werden nicht an die Arbeitnehmer ausbezahlt, sondern auf das entsprechende Vermögensbildungskonto des Arbeitnehmers überwiesen.

28 Betriebliche Kennzahlen

D **Betriebliche Kennzahlen** sind Zahlen, aus denen betriebswirtschaftliche Vorgänge und Tatbestände sowie deren Veränderungen erkennbar sind. Sie sind *Ergebnisse betriebsstatistischen Rechnens,* dem in der Regel Zahlen der Buchführung zugrunde liegen. Mit Kennzahlen können Betriebsabläufe verfolgt und kontrolliert werden; sie bilden daher häufig die Grundlagen für unternehmerische Entscheidungen.

Bilanzkennzahlen (Bilanzbeurteilungen)

V

Vermögensaufbau (Konstitution)	Anlagevermögensanteil (VA_1)	$= \dfrac{\text{Anlagevermögen} \cdot 100}{\text{Gesamtvermögen}}$
	Umlaufvermögensanteil (VA_2)	$= \dfrac{\text{Umlaufvermögen} \cdot 100}{\text{Gesamtvermögen}}$
Kapitalaufbau (Finanzierung)	Eigenkapitalanteil (KA_1)	$= \dfrac{\text{Eigenkapital} \cdot 100}{\text{Gesamtkapital}}$
	Fremdkapitalanteil (KA_2)	$= \dfrac{\text{Fremdkapital} \cdot 100}{\text{Gesamtkapital}}$
Anlagendeckung (Investierung)	Investierung *(Inv)*	$= \dfrac{\text{Eigenkapital}}{\text{Anlagevermögen}}$
Liquidität (Grad der Zahlungsfähigkeit)	Barliquidität (Liquidität 1. Grades)	$= \dfrac{\text{flüssige Mittel I. Ordnung} \cdot 100}{\text{sofort fällige Verbindlichkeiten}}$
	Einzugsbedingte Liquidität (Liquidität 2. Grades)	$= \dfrac{(\text{flüss. Mittel I. u. II. Ordn.}) \cdot 100}{\text{sofort fäll. u. kurzfr. Verbindlichk.}}$
	Umsatzbedingte Liquidität (Liquidität 3. Grades)	$= \dfrac{(\text{flüss. Mittel I., II. u. III. Ordn.}) \cdot 100}{\text{sofort fäll., kurzfr. u. mittelfr. Verbindlichk.}}$

Lagerkennzahlen (Lagerbeurteilungen)

V

Rechnerischer Meldebestand in Stück

$$MB_r = (\varnothing \text{ Verkaufsmenge je Tag}) \cdot \begin{pmatrix} \varnothing \text{ Beschaffungs-} \\ \text{dauer in Tagen} \end{pmatrix}$$

Mindestbestand (Eiserner Bestand) in Stück

$$MinB = \frac{\text{rechnerischer Meldebestand} \cdot p}{100}; \; p = \text{Erfahrungswert}$$

Tatsächlicher Meldebestand in Stück

$$MB_t = \text{rechnerischer Meldebestand} + \text{Mindestbestand}$$

Durchschnittlicher Lagerbestand in Stück

Je nachdem, welche Bestandszahlen gegeben sind:

$$\varnothing LB = \frac{\text{Jahresanfangsbestand} + 12 \text{ Monatsendbestände}}{13}$$

$$\varnothing LB = \frac{\text{Jahresanfangsbestand} + \text{Jahresendbestand}}{2}$$

Durchschnittliche Lagerumschlagshäufigkeit (Umsatzgeschwindigkeit)

Je nachdem, ob Stückzahlen oder Preise gegeben sind:

$$\varnothing LU = \frac{\text{Jahresverkaufsmenge in Stück}}{\varnothing \text{ Lagerbestand in Stück}}$$

$$\varnothing LU = \frac{\text{Jahresverkaufsmenge zu Einstandspreisen}}{\varnothing \text{ Lagerbestand zu Einstandspreisen}}$$

Durchschnittliche Lagerdauer in Tagen

$$\varnothing LD = \frac{360 \text{ Tage}}{\varnothing \text{ Lagerumschlagshäufigkeit}}$$

Lagerzinsen

$$LZ = \frac{\begin{pmatrix} \varnothing \text{ Lager-} \\ \text{bestand} \\ \text{in Stück} \end{pmatrix} \cdot \begin{pmatrix} \text{Bezugs-} \\ \text{preis} \\ \text{je Stück} \end{pmatrix} \cdot \begin{pmatrix} \text{Kapital} \\ \text{markt-} \\ \text{zinssatz} \end{pmatrix} \cdot \begin{pmatrix} \varnothing \text{ Lager-} \\ \text{dauer} \\ \text{in Tagen} \end{pmatrix}}{100 \cdot 360 \text{ Tage}}$$

Lagerzinszuschlag

$$LZZ = \frac{\text{Kapitalmarktzinssatz} \cdot \text{Lagerdauer in Tagen}}{360 \text{ Tage}}$$

Betriebliche Kennzahlen (Fortsetzung)

Wirtschaftlichkeitskennzahlen (Ertragsbeurteilungen)

V

Wirtschaftlichkeit des Betriebes	Leistungsergiebigkeit	$= \dfrac{\text{Leistungen}}{\text{Kosten}}$
Wirtschaftlichkeit der Unternehmung	Ertragsergiebigkeit	$= \dfrac{\text{Erträge}}{\text{Aufwendungen}}$

Produktivitätskennzahlen (Leistungsbeurteilungen)

V

Allgemeine Produktivität	$P = \dfrac{\text{Ausbringung}}{\text{Einsatz}}$
Personalproduktivität	$P_{\text{Pers}} = \dfrac{\text{Umsatz}}{\text{Anzahl der beschäftigten Personen}}$
Raumproduktivität	$P_{\text{Raum}} = \dfrac{\text{Umsatz}}{\text{Gesamte Verkaufsfläche in m}^2}$
Maschinenstunden-Produktivität	$P_{\text{Masch}} = \dfrac{\text{Ausbringungsmenge}}{\text{Maschinenstunden}}$

Rentabilitätskennzahlen (Erfolgsbeurteilungen)

V

Eigenkapitalrentabilität (Unternehmerrentabilität)

$$R_E = \frac{\text{Reingewinn} \cdot 100}{\text{Eigenkapital}}$$

Gesamtkapitalrentabilität (Unternehmungsrentabilität)

$$R_G = \frac{\left(\text{Reingewinn} + \text{Fremdkapitalzinsen}\right) \cdot 100}{\text{Gesamtkapital}}$$

(Die Fremdkapitalzinsen müssen zum jeweiligen Reingewinn addiert werden, weil sie Teile des Gewinns wären, wenn statt des Fremdkapitals Eigenkapital eingesetzt worden wäre.)

Umsatzrentabilität

$$R_U = \frac{\text{Reingewinn} \cdot 100}{\text{Umsatz}}$$

Wertpapierrentabilität (Rendite oder effektive Verzinsung)

$$R_W = \frac{\text{tats. Ertrag} \cdot 100}{\text{tats. Kapitaleinsatz}}$$

Eigenkapitalrentabilität von Grundstücken und Gebäuden

$$R_{Gr} = \frac{\text{Reingewinn} \cdot 100}{\text{eingesetztes Eigenkapital}}$$

29 Statistisches Rechnen

D Durch die Betriebsstatistik werden **betriebswirtschaftliche Massenerscheinungen** in Zahlen **erfaßt,** geordnet, zusammengefaßt und berechnet sowie übersichtlich **dargestellt.** Je nachdem, ob Zahlenmaterial aus einem Betrieb selbst oder aus der betrieblichen Umwelt stammt, unterscheidet man zwischen *interner* und *externer* Betriebsstatistik.

Statistisches Rechnen (Fortsetzung)

Möglichkeiten der Aufbereitung von Zahlenmaterial

Um absolute Zahlen vergleichbar zu machen, werden sie in Verhältniszahlen umgerechnet.

V Gliederungszahlen

Gliederungszahlen veranschaulichen den **prozentualen Anteil** einer Teilmenge an der Gesamtmenge. Beide Mengen haben die gleichen Einheitsbezeichnungen.

Aktiva — Bilanz (in %) — Passiva

Aktiva		Passiva	
Anlagevermögen	43,68 %	Eigenkapital	54,94 %
Umlaufvermögen	56,32 %	Fremdkapital	45,06 %
	100 %		100 %

$$\text{Gliederungszahl in \%} = \frac{\text{Teilmenge} \cdot 100}{\text{Gesamtmenge}}$$

Beziehungszahlen

Durch Beziehungszahlen werden bestimmte Größen, die **Bezugszahlen,** mit einer anderen Größe, der **Bezugsgrundlage,** verglichen. Beide Größen können unterschiedliche Einheitsbezeichnungen haben.

$$\text{Kapitalaufbau} = \frac{80000,\text{— DM Eigenkapital} \cdot 100\,\%}{220000,\text{— DM Gesamtkapital}} = \underline{\underline{36{,}4\,\%}}$$

$$\text{Beziehungszahl in \%} = \frac{\text{Bezugszahl} \cdot 100}{\text{Bezugsgrundlage}}$$

Indexzahlen

Indexzahlen sind eine besondere Art von Verhältniszahlen. Bei ihrer Berechnung wird aus einer Zahlenreihe eine Zahl als **Basiszahl** ausgewählt. Diese wird gleich 100 (100%) gesetzt, worauf dann alle übrigen Zahlen bezogen werden. Indexzahlen zeigen die Veränderungen der Zahlen einer Zahlenreihe im Zeitablauf an, wobei jede Zahl mit der Basiszahl „verglichen" wird.

1\. Jahr: $25,\text{— DM} = \underline{\underline{100\,\%}}$ 3. Jahr: $\frac{26 \cdot 100}{25} = \underline{\underline{104\,\%}}$

2\. Jahr: $\frac{24 \cdot 100}{25} = \underline{\underline{96\,\%}}$ 4. Jahr: $\frac{27{,}50 \cdot 100}{25} = \underline{\underline{110\,\%}}$

$$\text{Indexzahl in \%} = \frac{\text{Vergleichszahl} \cdot 100}{\text{Basiszahl}}$$

Statistische Darstellungsformen

Tabelle

V

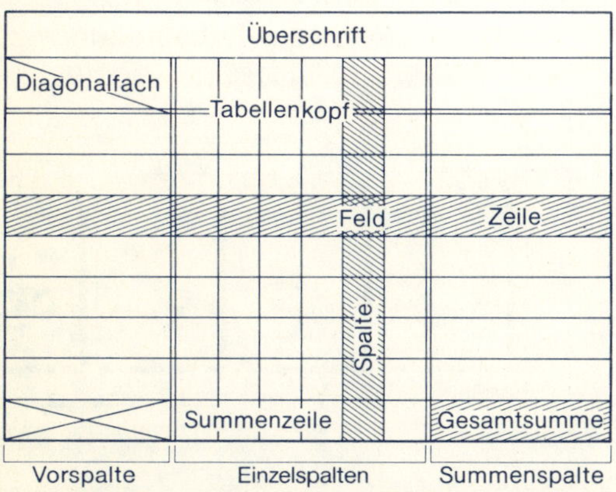

Anteile der einzelnen Warengruppen in % des monatlichen *Gesamtumsatzes einer Filiale* (Gesamtumsatz einer Filiale ≙ 100%)

Warengruppen \ Filialen	A	B	C	Gesamtumsatz der Warengruppen
Nahrungs- und Genußmittel	45,1	52,2	58,4	50,6
Bekleidung, Wäsche u. Schuhe	30,3	31,0	21,0	28,2
Hausrat und Wohnbedarf	15,2	13,0	14,8	14,4
sonstige Waren	9,4	3,8	5,8	6,8
Gesamtumsatz der Filiale	100,0	100,0	100,0	100,0

Linien- oder Kurvendiagramm

Vgl. Relationen und Funktionen auf S. 16ff.

Statistisches Rechnen (Fortsetzung)

Stabdiagramm (auch Säulen-, Block- oder Stapeldiagramm)

V Säulendiagramm
Umsatzentwicklung

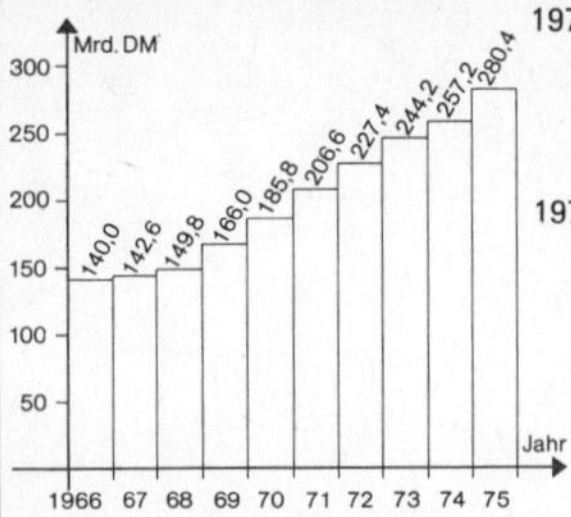

Horizontales Stapeldiagramm
Marktanteile

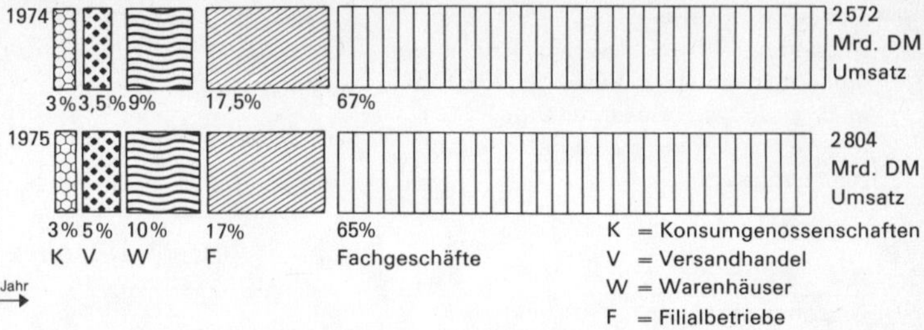

Flächendiagramm (Rechteck-, Kreisdiagramm)

V *Rechteckdiagramm*
Vergleich betrieblicher Kostenanteile

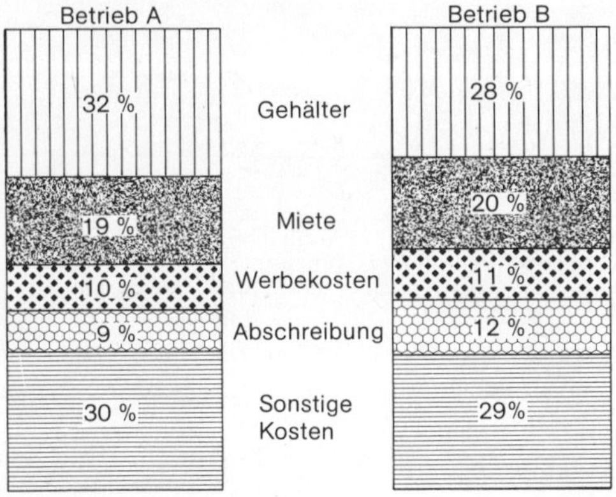

Kreisdiagramm
Vergleich betrieblicher Kostenanteile

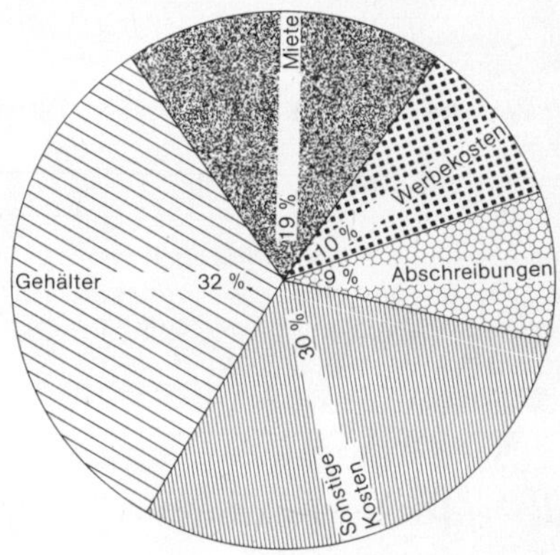

Kartogramm

V Flächen und Einwohner der Länder der Bundesrepublik Deutschland, 1974

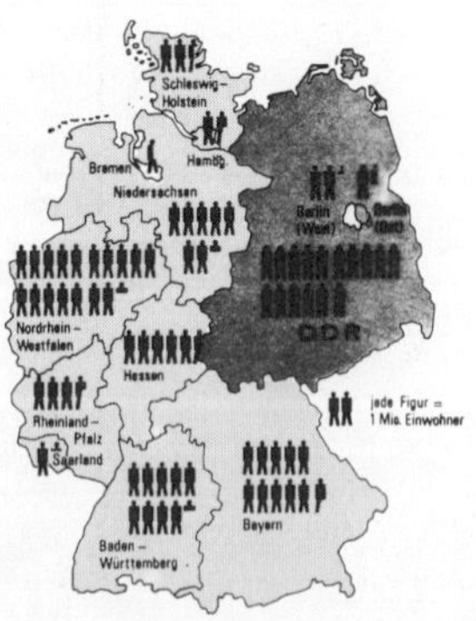

Piktogramm (auch Bilddiagramm)

V

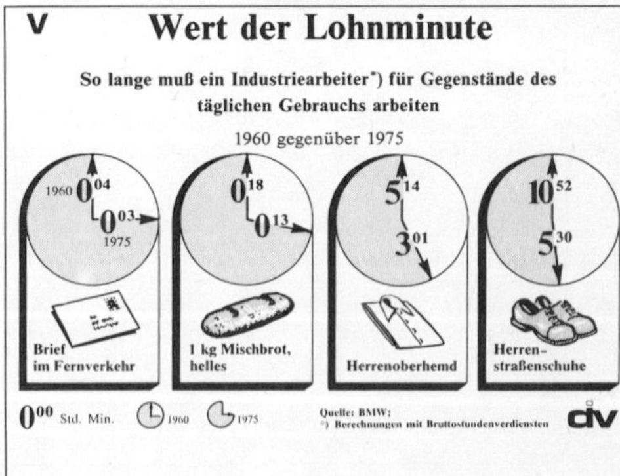

Tabellen

T1 **Primzahlen und Primfaktoren** der nicht durch 2 oder 3 oder 5 teilbaren Zahlen ($n<500$)

2	p	47	p	**101**	p	151	p	**203**	$7 \cdot 29$	257	p	**301**	$7 \cdot 43$	353	p	**401**	p	451	$11 \cdot 41$
3	p	49	7^2	103	p	157	p	209	$11 \cdot 19$	259	$7 \cdot 37$	307	p	359	p	403	$13 \cdot 31$	457	p
5	p	53	p	107	p	161	$7 \cdot 23$	211	p	263	p	311	p	361	19^2	407	$11 \cdot 37$	461	p
7	p	59	p	109	p	163	p	217	$7 \cdot 31$	269	p	313	p	367	p	409	p	463	p
11	p	61	p	113	p	167	p	221	$13 \cdot 17$	271	p	317	p	371	$7 \cdot 53$	413	$7 \cdot 59$	467	p
13	p	67	p	119	$7 \cdot 17$	169	13^2	223	p	277	p	319	$11 \cdot 29$	373	p	419	p	469	$7 \cdot 67$
17	p	71	p	121	11^2	173	p	227	p	281	p	323	$17 \cdot 19$	377	$13 \cdot 29$	421	p	473	$11 \cdot 43$
19	p	73	p	127	p	179	p	229	p	283	p	329	$7 \cdot 47$	379	p	427	$7 \cdot 61$	479	p
23	p	77	$7 \cdot 11$	131	p	181	p	233	p	287	$7 \cdot 41$	331	p	383	p	431	p	481	$13 \cdot 37$
29	p	79	p	133	$7 \cdot 19$	187	$11 \cdot 17$	239	p	289	17^2	337	p	389	p	433	p	487	p
31	p	83	p	137	p	191	p	241	p	293	p	341	$11 \cdot 31$	391	$17 \cdot 23$	437	$19 \cdot 23$	491	p
37	p	89	p	139	p	193	p	247	$13 \cdot 19$	299	$13 \cdot 23$	343	7^3	397	p	439	p	493	$17 \cdot 29$
41	p	91	$7 \cdot 13$	143	$11 \cdot 13$	197	p	251	p			347	p			443	p	497	$7 \cdot 71$
43	p	97	p	149	p	199	p	253	$11 \cdot 23$			349	p			449	p	499	p

T2 Währungen (Kurstabelle)

Land	Währungseinheit	Kurzform	Kurs[1]
Belgien	1 belg. Franc = 100 Centimes	bfr	4,884
Dänemark	1 dän. Krone = 100 Øre	dkr	27,430
Finnland	1 Finnmark = 100 Penniä	Fmk	46,520
Frankreich	1 franz. Franc = 100 Centimes	FF	32,410
Griechenland	1 Drachme = 100 Lepta	Dr.	2,765
Großbritannien	1 Pfund Sterling = 100 New Pence	£	3,869[2]
Irland	1 irisches Pfund = 100 New Pence	Ir£	3,083[2]
Island	1 isländ. Krone = 100 Aurar	ikr	9,491
Italien	1 ital. Lira = 100 Centesimi	Lit	1,618[3]
Japan	1 Yen = 100 Sen	Y	1,154
Jugoslawien	1 jugosl. Dinar = 100 Para	Din	2,185
Kanada	1 kan. Dollar = 100 Cents	kan$	2,164[2]
Luxemburg	1 luxemb. Franc = 100 Centimes	lfr	4,900
Niederlande	1 holl. Gulden = 100 Cents	hfl	88,640
Norwegen	1 norweg. Krone = 100 Øre	nkr	35,035
Österreich	1 Schilling = 100 Groschen	S	14,186
Polen	1 Zloty = 100 Groszy	Zl	2,806
Portugal	1 Escudo = 100 Centavos	Esc	2,015
Schweden	1 schwed. Krone = 100 Øre	skr	33,595
Schweiz	1 schw. Franken = 100 Rappen	sfr	122,000
Spanien	1 Peseta = 100 Centimos	Pta	1,749
Tschechoslowakei	1 tschech. Krone = 100 Haleru	Kčs	23,325
Türkei	1 türk. Pfund = 100 Kurus	Tl.	0,970
Ungarn	1 Forint = 100 Filler	Ft	6,125
UdSSR	1 Rubel = 100 Kopeken	Rbl	348,070
USA	1 US-Dollar = 100 Cents	US-$	2,695[2]

[1] Die Kurse sind der Veröffentlichung der Deutschen Bundesbank „Die Währungen der Welt", Februar 1984, entnommen und entsprechen dem Stand vom 15. Februar 1984. Sie geben den Preis in DM für 100 ausländische Währungseinheiten (Mittelwerte) an; sie sind z. T. rechnerisch gerundet (Kurse sind nur allgemein informativ – Angaben ohne Gewähr). [2] Der Kurs ist für 1 ausländische Währungseinheit angegeben. [3] Der Kurs ist für 1000 ausländische Währungseinheiten angegeben.

Tabellen (Fortsetzung)

T3 Bequeme Prozentsätz (Teiler)

Prozentsatz	Bruch	Dezimalbruch	Prozentsatz	Bruch	Dezimalbruch
1 %	$\frac{1}{100}$	0,01	10 %	$\frac{1}{10}$	0,10
$1\frac{1}{4}$ %	$\frac{1}{80}$	0,0125	$12\frac{1}{2}$ %	$\frac{1}{8}$	0,125
2 %	$\frac{1}{50}$	0,02	$16\frac{2}{3}$ %	$\frac{1}{6}$	0,1666
$2\frac{1}{2}$ %	$\frac{1}{40}$	0,025	20 %	$\frac{1}{5}$	0,20
$3\frac{1}{3}$ %	$\frac{1}{30}$	0,0333	25 %	$\frac{1}{4}$	0,25
4 %	$\frac{1}{25}$	0,04	$33\frac{1}{3}$ %	$\frac{1}{3}$	0,3333
5 %	$\frac{1}{20}$	0,05	50 %	$\frac{1}{2}$	0,50
$6\frac{1}{4}$ %	$\frac{1}{16}$	0,0625	$66\frac{2}{3}$ %	$\frac{2}{3}$	0,6666
$6\frac{2}{3}$ %	$\frac{1}{15}$	0,0666	75 %	$\frac{3}{4}$	0,75
$8\frac{1}{3}$ %	$\frac{1}{12}$	0,0833	100 %	$\frac{1}{1}$	1,0

T4 Kalkulationszuschlag/Handelsspanne

KZ	bequemer Teiler vom reinen Grundwert	entspricht dem	bequemen Teiler vom vermehrten Grundwert	*HS*
20 %	$\frac{1}{5}$	≙	$\frac{1}{6}$	$16\frac{2}{3}$ %
25 %	$\frac{1}{4}$	≙	$\frac{1}{5}$	20 %
$33\frac{1}{3}$ %	$\frac{1}{3}$	≙	$\frac{1}{4}$	25 %
50 %	$\frac{1}{2}$	≙	$\frac{1}{3}$	$33\frac{1}{3}$ %
HS	bequemer Teiler vom reinen Grundwert	entspricht dem	bequemen Teiler vom verminderten Grundwert	*KZ*
20 %	$\frac{1}{5}$	≙	$\frac{1}{4}$	25 %
25 %	$\frac{1}{4}$	≙	$\frac{1}{3}$	$33\frac{1}{3}$ %
$33\frac{1}{3}$ %	$\frac{1}{3}$	≙	$\frac{1}{2}$	50 %
50 %	$\frac{1}{2}$	≙	$\frac{1}{1}$	100 %

T5 Zinsdivisoren

Ermittlung der Zinsen für das Jahr von 360 Tagen. Zinsprodukt: Kapital mal Zeit (Tage), dividiert durch Divisor des Zinsfußes.

%	Divisor	%	Divisor	%	Divisor
$\frac{1}{12}$	432 000	$3\frac{1}{2}$	10 286	8	4 500
$\frac{1}{4}$	144 000	4	9 000	$8\frac{1}{2}$	4 235
$\frac{1}{2}$	72 000	$4\frac{1}{2}$	8 000	9	4 000
$\frac{3}{4}$	48 000	5	7 200	$9\frac{1}{2}$	3 789
1	36 000	$5\frac{1}{2}$	6 545	10	3 600
$1\frac{1}{2}$	24 000	6	6 000	$10\frac{1}{2}$	3 429
2	18 000	$6\frac{1}{2}$	5 538	11	3 273
$2\frac{1}{2}$	14 400	7	5 143	$11\frac{1}{2}$	3 130
3	12 000	$7\frac{1}{2}$	4 800	12	3 000

T6a Steuerklassen (Stand 1984)

Durch das System der Steuerklassen wird erreicht, daß unterschiedliche Einkommensteuertarife (Grund- und Splittingtabelle) sowie verschiedene Frei- und Pauschbeträge gleich in den Steuertabellen berücksichtigt sind, ohne daß sie vom Finanzamt als Freibetrag auf der Lohnsteuerkarte eingetragen oder vom Arbeitgeber gesondert vom Arbeitslohn abgezogen werden müssen.

Die **Steuerklasse I** gilt für Arbeitnehmer, bei denen kein Kind zu berücksichtigen ist, wenn sie

- ledig oder geschieden sind,
- verheiratet sind, aber von ihrem Ehegatten dauernd getrennt leben oder wenn der Ehegatte nicht im Inland wohnt;
- verwitwet sind und der Ehegatte vor 1982 verstorben ist.

Die **Steuerklasse II** erhalten die bei der Steuerklasse I aufgeführten Arbeitnehmer, wenn bei ihnen mindestens ein Kind zu berücksichtigen ist.

Die **Steuerklasse III** gilt für

- verheiratete Arbeitnehmer, die beide unbeschränkt steuerpflichtig sind, nicht dauernd getrennt leben und bei denen nur ein Ehegatte Arbeitslohn bezieht oder der andere Partner zwar arbeitet, aber in die Steuerklasse V eingefügt ist;
- verwitwete Arbeitnehmer, wenn der Ehegatte später als 1981 verstorben ist und wenn beide vor dem Tod unbeschränkt steuerpflichtig waren und nicht dauernd getrennt lebten (ob ein Kind zu berücksichtigen ist, spielt für die Eingliederung in diese Steuerklasse keine Rolle).

Die **Steuerklasse IV** gilt für verheiratete Arbeitnehmer, die beide unbeschränkt steuerpflichtig sind, nicht dauernd getrennt leben und beide Arbeitslohn beziehen.

Die **Steuerklasse V** tritt für einen Ehegatten an die Stelle der Steuerklasse IV, wenn der andere Ehegatte in die Steuerklasse III eingestuft ist.

Die **Steuerklasse VI** wird auf der zweiten oder weiteren Lohnsteuerkarte für einen Arbeitnehmer eingetragen, der gleichzeitig Arbeitslohn von mehreren Arbeitgebern bezieht.

T6b Wichtige jährliche Frei- und Pauschbeträge (Stand 1984)

- Grundfreibetrag: 4212,— DM bzw. 8424,— DM für Verheiratete.
- Arbeitnehmer-Freibetrag: 480,— DM.
- Werbungskosten-Pauschbetrag: 564,— DM.
  - Aufwendungen für Fahrten zwischen Wohnung und Arbeitsstätte (Kilometerpauschale —,36 DM bei Benutzung eines PKW, —,16 DM bei Benutzung eines Motorrads oder Motorrollers je Entfernungskilometer),
  - Beiträge zu Berufsverbänden,
  - Doppelte Haushaltsführung,
  - Längere Abwesenheit von der Wohnung oder vom Betriebssitz,
  - Reisekosten,
  - Umzugskosten.
- Sonderausgaben-Pauschbetrag: 270,— DM bzw. 540,— DM für Verheiratete.
- Kinderfreibetrag, in Steuerklassen II und III 432,— DM und in Steuerklasse IV 216,— DM für jedes Kind.
- Haushaltsfreibetrag von 4212,— DM in Steuerklasse II.
- Rundungsbetrag 18,— DM in Steuerklasse VI.
- Vorsorgepauschale, und zwar abhängig von der Höhe des Arbeitslohns, des Familienstands und der Kinderzahl.
- Altersfreibetrag ab 65. Lebensjahr 720,— DM.
- Ausbildungsfreibetrag je Kind
  - unter 18 Jahren
    bei auswärtiger Unterbringung 1800,— DM jhl.,
  - über 18 Jahre
    allgemein 2400,— DM jhl.,
    bei auswärtiger Unterbringung 4200,— DM jhl.
- Weihnachtsfreibetrag 600,— DM.
- Pauschbetrag für Körperbehinderte und Hinterbliebene. Er liegt zwischen 600,— DM und 7200,— DM (Erwerbsminderung zwischen 25 und 100 Prozent).
  Hinterbliebene erhalten in bestimmten Fällen einen Pauschbetrag von 720,— DM.

T6c Mindestbetrags-Kirchensteuer beim Kirchensteuerabzug – außer Berlin – (Stand 1984)

Land	monatl. Mindestbetrag der Kirchensteuer	Land	monatl. Mindestbetrag der Kirchensteuer
Baden-Württemberg	—,60 DM	Niedersachsen	—,60 DM
Bayern	—	Nordrhein-Westfalen	—
Bremen	—	Rheinland-Pfalz	—
Hamburg	—,60 DM	Saarland	—
Hessen	—,30 DM	Schleswig-Holstein	—,60 DM

Tabellen (Fortsetzung)

T7 Auszug aus der monatlichen Allgemeinen Lohn- und Kirchensteuertabelle (Stand 1. Jan. 1984)

Lohn/ Gehalt bis DM		I, V, VI				Abzüge an Lohnsteuer und Kirchensteuer (8%, 9%) in den Steuerklassen II, III, IV bei Steuerpflichtigen mit ... Kindern 0			1			2			3			4		
		LSt	8%	9%		LSt	8%	9%	LSt	8%	9%	LSt	8%	9%	LSt	8%	9%	LSt	8%	9%
563,99	I	–	–	–	II	–	–	–	–	–	–	–	–	–	–	–	–	–	–	–
	V	104,–	8,32	9,36	III	–	–	–	–	–	–	–	–	–	–	–	–	–	–	–
	VI	122,80	9,82	11,05	IV	–	–	–	–	–	–	–	–	–	–	–	–	–	–	–
568,49	I	1,–	0,08	0,09	II	–	–	–	–	–	–	–	–	–	–	–	–	–	–	–
	V	105,–	8,40	9,45	III	–	–	–	–	–	–	–	–	–	–	–	–	–	–	–
	VI	123,80	9,90	11,14	IV	1,–	0,08	0,09	–	–	–	–	–	–	–	–	–	–	–	–
...																				
608,99	I	7,90	0,63	0,71	II	–	–	–	–	–	–	–	–	–	–	–	–	–	–	–
	V	113,80	9,10	10,24	III	–	–	–	–	–	–	–	–	–	–	–	–	–	–	–
	VI	132,60	10,60	11,93	IV	7,90	0,63	0,71	4,–	Min	Min	–	–	–	–	–	–	–	–	–
613,49	I	8,90	0,71	0,80	II	–	–	–	–	–	–	–	–	–	–	–	–	–	–	–
	V	114,80	9,18	10,33	III	–	–	–	–	–	–	–	–	–	–	–	–	–	–	–
	VI	133,60	10,68	12,02	IV	8,90	0,71	0,80	5,–	Min	Min	1,–	Min	Min	–	–	–	–	–	–
...																				
995,99	I	78,20	6,25	7,03	II	–	–	–	–	–	–	–	–	–	–	–	–	–	–	–
	V	199,–	15,92	17,91	III	–	–	–	–	–	–	–	–	–	–	–	–	–	–	–
	VI	217,80	17,42	19,60	IV	78,20	6,25	7,03	74,20	3,93	4,42	70,30	0,42	0,47	66,30	Min	Min	62,40	Min	Min
1000,49	I	78,20	6,25	7,03	II	–	–	–	–	–	–	–	–	–	–	–	–	–	–	–
	V	200,–	16,–	18,–	III	–	–	–	–	–	–	–	–	–	–	–	–	–	–	–
	VI	218,70	17,49	19,68	IV	78,20	6,25	7,03	74,20	3,93	4,42	70,30	0,42	0,47	66,30	Min	Min	62,40	Min	Min
...																				
1999,49	I	278,20	22,25	25,03	II	–	–	–	186,10	10,88	12,24	173,20	3,45	3,88	159,40	Min	Min	150,50	Min	Min
	V	536,30	42,90	48,26	III	176,10	14,08	15,84	168,30	9,46	10,64	160,30	2,42	2,72	152,50	Min	Min	144,50	Min	Min
	VI	582,80	46,62	52,45	IV	278,20	22,25	25,03	270,80	19,66	22,12	263,50	15,88	17,86	257,40	9,39	10,56	250,50	2,84	3,19
2003,99	I	279,30	22,34	25,13	II	–	–	–	187,–	10,96	12,33	174,20	3,53	3,97	160,40	Min	Min	150,50	Min	Min
	V	538,80	43,10	48,49	III	176,10	14,08	15,84	168,30	9,46	10,64	160,30	2,42	2,72	152,50	Min	Min	144,50	Min	Min
	VI	585,30	46,82	52,67	IV	279,30	22,34	25,13	271,80	19,74	22,21	264,50	15,96	17,95	257,40	9,39	10,56	251,50	2,92	3,28
...																				
2998,49	I	579,40	46,35	52,14	II	–	–	–	422,80	29,82	33,55	396,50	21,32	23,98	377,70	7,81	8,79	360,80	Min	Min
	V	1143,60	91,48	102,92	III	372,30	29,78	33,50	360,30	24,82	27,92	346,50	17,32	19,48	332,60	4,20	4,73	324,60	Min	Min
	VI	1199,30	95,94	107,93	IV	579,40	46,35	52,14	559,70	42,77	48,12	540,40	38,03	42,78	521,40	30,51	34,32	510,40	23,63	26,58
3002,99	I	581,–	46,48	52,29	II	–	–	–	424,20	29,93	33,67	397,90	21,43	24,11	379,–	7,92	8,91	362,10	Min	Min
	V	1146,50	91,72	103,18	III	374,10	29,92	33,66	360,30	24,82	27,92	346,50	17,32	19,48	332,60	4,20	4,73	324,60	Min	Min
	VI	1202,30	96,18	108,20	IV	581,–	46,48	52,29	561,30	42,90	48,26	542,–	38,16	42,93	521,40	30,51	34,32	512,–	23,76	26,73
...																				
3997,49	I	990,40	79,23	89,13	II	–	–	–	791,50	59,32	66,73	745,10	49,20	55,35	699,90	33,59	37,79	671,50	19,32	21,73
	V	1800,30	144,02	162,02	III	576,–	46,08	51,84	562,80	41,02	46,15	548,–	33,44	37,62	533,30	20,26	22,79	519,–	7,12	8,01
	VI	1856,10	148,48	167,04	IV	990,40	79,23	89,13	966,20	75,29	84,70	942,30	70,18	78,95	916,50	62,12	69,88	893,–	54,24	61,02
4001,99	I	992,40	79,39	89,31	II	–	–	–	793,40	59,47	66,90	747,–	49,36	55,53	701,60	33,72	37,94	673,30	19,46	21,89
	V	1803,30	144,26	162,29	III	578,10	46,24	52,02	562,80	41,02	46,15	548,–	33,44	37,62	533,30	20,26	22,79	521,–	7,28	8,19
	VI	1859,–	148,72	167,31	IV	992,40	79,39	89,31	968,30	75,46	84,89	944,30	70,34	79,13	918,50	62,28	70,06	895,–	54,40	61,20
...																				
4996,49	I	1463,50	117,08	131,71	II	–	–	–	1240,70	95,25	107,16	1187,40	84,59	95,16	1134,60	68,36	76,91	1084,50	52,36	58,90
	V	2441,30	195,30	219,71	III	848,50	67,88	76,36	815,–	61,20	68,85	793,10	53,04	59,67	774,10	39,52	44,46	755,50	26,04	29,29
	VI	2495,30	199,62	224,57	IV	1463,50	117,08	131,71	1437,–	112,96	127,08	1410,50	107,64	121,09	1381,80	99,34	111,76	1355,50	91,24	102,64
5000,–	I	1465,80	117,26	131,92	II	–	–	–	1242,90	95,43	107,36	1189,50	84,76	95,35	1136,70	68,53	77,10	1086,60	52,52	59,09
	V	2444,10	195,52	219,96	III	848,50	67,88	76,36	815,–	61,20	68,85	793,10	53,04	59,67	774,10	39,52	44,46	758,10	26,24	29,52
	VI	2498,–	199,84	224,82	IV	1465,80	117,26	131,92	1439,10	113,12	127,26	1412,60	107,80	121,28	1384,–	99,52	111,96	1357,70	91,41	102,84
5000,99	I	1465,80	117,26	131,92	II	–	–	–	1242,90	95,43	107,36	1189,50	84,76	95,35	1136,70	68,53	77,10	1098,60	52,52	59,09
	V	2444,10	195,52	219,96	III	848,50	67,88	76,36	815,–	61,20	68,85	793,10	53,04	59,67	774,10	39,52	46,46	758,10	26,24	29,52
	VI	2498,–	199,84	224,82	IV	1465,80	117,26	131,92	1439,10	113,12	127,26	1412,60	107,80	121,28	1384,–	99,52	111,96	1357,10	91,41	102,84

Tabellen (Fortsetzung)

T8 Sozialversicherung (Angaben der Allg. Ortskrankenkasse Stuttgart, Stand 1. Jan. 1984)

Beitragssätze	Beitragsgruppe		Beitragsbemessungsgrenzen	Monat
Krankenversicherung allgemein	G	10,4%	Krankenversicherung	3900,— DM
erhöht	H	12,8%	Rentenversicherung	5200,— DM
Rentenversicherung der Arbeiter	K	18,5%	Arbeitslosenversicherung	5200,— DM
Rentenversicherung der Angestellten	L	18,5%		
Bundesanstalt für Arbeit	M	4,6%		

Auszug aus der monatlichen Sozialversicherungs-Beitragstabelle

Arbeits-entgelt bis DM	Versichertenanteil in DM		
	G 10,4	K/L	M
...			
545,99	28,27	50,30	12,51
550,49	28,51	50,71	12,61
554,99	28,74	51,13	12,71
559,49	28,98	51,54	12,82
563,99	29,21	51,96	12,92
568,49	29,44	52,38	13,02
572,99	29,68	52,79	13,13
577,49	29,91	53,21	13,23
581,99	30,15	53,63	13,33
586,49	30,38	54,04	13,44
590,99	30,61	54,46	13,54
595,49	30,85	54,87	13,64
599,99	31,08	55,29	13,75
604,49	31,32	55,71	13,85
608,99	31,55	56,12	13,96
613,49	31,78	56,54	14,06
617,99	32,02	56,96	14,16
622,49	32,25	57,37	14,27
626,99	32,49	57,79	14,37
631,49	32,72	58,20	14,47
...			
950,99	49,33	87,76	21,82
955,49	49,57	88,17	21,92
959,99	49,80	88,59	22,03
964,49	50,04	89,01	22,13
968,99	50,27	89,42	22,24
973,49	50,50	89,84	22,34
977,99	50,74	90,26	22,44
982,49	50,97	90,67	22,55
986,99	51,21	91,09	22,65
991,49	51,44	91,50	22,75
995,99	51,67	91,92	22,86
1000,49	51,91	92,34	22,96
1004,99	52,14	92,75	23,06
1009,49	52,38	93,17	23,17
1013,99	52,61	93,59	23,27
1018,49	52,84	94,00	23,37
1022,99	53,08	94,42	23,48
1027,49	53,31	94,83	23,58
1031,99	53,55	95,25	23,68
1036,49	53,78	95,67	23,79

Arbeits-entgelt bis DM	Versichertenanteil in DM		
	G *	K/L	M
1940,99	100,81	179,33	44,59
1945,49	101,05	179,75	44,69
1949,99	101,28	180,17	44,80
1954,49	101,52	180,58	44,90
1958,99	101,75	181,00	45,01
1963,49	101,98	181,41	45,11
1967,99	102,22	181,83	45,21
1972,49	102,45	182,25	45,32
1976,99	102,69	182,66	45,42
1981,49	102,92	183,08	45,52
1985,99	103,15	183,50	45,63
1990,49	103,39	183,91	45,73
1994,99	103,62	184,33	45,83
1999,49	103,86	184,74	45,94
2003,99	104,09	185,16	46,04
2008,49	104,32	185,58	46,14
2012,99	104,56	185,99	46,25
2017,49	104,79	186,41	46,35
2021,99	105,03	186,83	46,45
2026,49	105,26	187,24	46,56
...			
2975,99	154,63	275,07	68,40
2980,49	154,87	275,49	68,50
2984,99	155,10	275,90	68,60
2989,49	155,34	276,32	68,71
2993,99	155,57	276,74	68,81
2998,49	155,80	277,15	68,91
3002,99	156,04	277,57	69,02
3007,49	156,27	277,98	69,12
3011,99	156,51	278,40	69,22
3016,49	156,74	278,82	69,33
...			
3695,99	192,07	341,67	84,96
3700,49	192,31	342,09	85,06
3704,99	192,54	342,50	85,16
3709,49	192,78	342,92	85,27
3713,99	193,01	343,34	85,37
3718,49	193,24	343,75	85,47
3722,99	193,48	344,17	85,58
3727,49	193,71	344,58	85,68
3731,99	193,95	345,00	85,78

Arbeits-entgelt bis DM	Versichertenanteil in DM		
	G *	K/L	M
3740,99	194,41	345,83	85,99
3745,49	194,65	346,25	86,09
3749,99	194,88	346,67	86,20
3754,49	195,12	347,08	86,30
3758,99	195,35	347,50	86,41
3763,49	195,58	347,91	86,51
3767,99	195,82	348,33	86,61
3772,49	196,05	348,75	86,72
3776,99	196,29	349,16	86,82
3781,49	196,52	349,58	86,92
...			
3961,49		366,23	91,06
3965,99		366,65	91,17
3970,49		367,06	91,27
3974,99		367,48	91,37
3979,49		367,89	91,48
3983,99		368,31	91,58
3988,49		368,73	91,68
3992,99		369,14	91,79
3997,49		369,56	91,89
4001,99		369,98	91,99
4006,49		370,39	92,10
4010,99		370,81	92,20
4015,49		371,22	92,30
4019,99		371,64	92,41
4024,49		372,06	92,51
4028,99		372,47	92,62
4033,49		372,89	92,72
4037,99		373,31	92,82
4042,49		373,72	92,93
4046,99		374,14	93,03
...			

* **Höchstbeitrag** in Gruppe **G** bei **3900,00 DM** ablesen.

Sachregister